川西北高原常见观赏植物集锦

贾国夫　樊　华　赵文吉◎主编

涂卫国　何正军◎副主编

四川科学技术出版社

·成都·

图书在版编目(CIP)数据

川西北高原常见观赏植物集锦 / 贾国夫，樊华，赵文吉主编.

--成都：四川科学技术出版社，2019.7

ISBN 978-7-5364-9510-4

Ⅰ. ①川… Ⅱ. ①贾… ②樊… ③赵… Ⅲ. ①高原-观赏植物
-四川-图谱 Ⅳ. ①Q948.527.1-64

中国版本图书馆 CIP 数据核字(2019)第 133403 号

川西北高原常见观赏植物集锦

主　　编	贾国夫　樊　华　赵文吉
副 主 编	涂卫国　何正军

出 品 人	钱丹凝
责任编辑	刘涌泉
责任校对	王国芬
封面设计	景秀文化
责任出版	欧晓春
出版发行	四川科学技术出版社
	成都市槐树街 2 号　邮政编码 610031
	官方微博:http://e.weibo.com/sckjcbs
	官方微信公众号:sckjcbs
	传真:028-87734039
成品尺寸	210mm×285mm
	印张 26.25　字数 300 千　插页 2
印　　刷	四川科德彩色数码科技有限公司
版　　次	2019 年 7 月第一版
印　　次	2019 年 7 月第一次印刷
定　　价	238.00 元

ISBN 978-7-5364-9510-4

编委会

贾国夫

男，汉族，1972年6月生，四川剑阁县人，研究员。1996年6月毕业于成都中医药大学中药专业，获理学学士学位；1996年7月进入四川省草原科学研究院从事高原药用植物研究与开发科研工作至今；工作期间继续深造，2003年7月，就读于四川农业大学养殖专业，获硕士学位。先后参与了20余个课题的研究和示范推广应用，其中主持了国家科技部、国家中医药行业专项、国家星火计划、四川省科技厅等科研课题8项。在特色经济植物红景天种植技术研究、雪山高原大花红景天产业化开发与成果转化、川西北高原生态恢复特色植物材料中心建设、利用中藏药材开展川西北高寒草地沙化防治新模式的研究与示范等方面取得了多项重要技术成果。获得部省级成果奖励2项，制定地方和行业标准5项，获得国家发明专利3项，发表科技论文26篇。

樊 华

女，汉族，1982年6月生，四川宜宾市人。2007年6月毕业于西南大学植物学专业，获理学硕士学位。现在四川省自然资源科学研究院担任助理研究员。毕业至今从事植物学、生态学研究10余年，参与多项国家和省级重点科技支撑项目研究，发表科技论文10余篇，获四川省科学技术进步奖三等奖1项，获四川省优秀工程咨询成果一等奖1项。

赵文吉

男，汉族，1986年11月生，四川省通江市人。2012年7月毕业于成都中医药大学药学院并获生药学硕士学位，现就职于四川省草原科学研究院民族植物研究所，从事药用、观赏植物资源开发与利用研究。

涂卫国

男，汉族，1978年7月生，四川宜宾市人，研究员。2001年7月毕业于西南师范大学生物教育专业，获理学学士学位；2001年9月，重庆市组织部选调至开县林业局工作；2002年7月，硕博连读于中国科学院成都生物研究所植物学专业，获植物学博士学位；2008年7月至2009年6月，在中国科学院成都生物研究所从事植物分类学基础研究工作；2009年7月至今，在四川省自然资源科学研究院工作，2014年9月至今任本院资源环境研究所所长，主要从事植物生态学研究。先后承担国家级、省级项目20余项（主持8项），发表科技论文30余篇（含SCI文章10余篇，第一作者和通讯作者10余篇），合作出版专著1部，授权发明专利和实用新型专利4项。

何正军

男，汉族，1971年7月生，四川巴中市人，研究员。1996年6月毕业于四川轻化工学院食品科学与工程专业，获理学学士学位；1996年7月进入四川省草原科学研究院从事高原药用植物研究与开发科研工作至今。工作期间继续深造，2003年7月，就读于四川农业大学养殖专业，获硕士学位。先后主持参与了20余个课题，发表科技论文30余篇，获得省部级成果奖励2项，制定地方和行业标准5项，取得国家发明专利3项。

内容简介

　　本书是关于川西北高原常见观赏植物的图谱专著。全书分总论与各论两部分。总论部分概述了川西北高原自然环境、民俗文化、旅游观光、植被概况，以及常见观赏植物资源现状。各论部分根据最新（2016 年）的《被子植物 APG Ⅳ分类法》《中国植物志》《中国高等植物图鉴》《中国高等植物彩色图鉴》等专著资料，利用数码彩图照片结合植物分类术语，描述了川西北高原常见观赏植物（44科116 属180 种）的形态特征、生长环境、分布与观赏时间，并根据观赏部位特征与植株的形态进行观赏指数推荐。

　　本书内容丰富新颖、图文并茂，专业性与实用性强，可供园艺园林、野生植物资源开发、旅游观光，以及从事相关学科教学、科研的科技和管理工作者使用，也适合对青藏高原植物、植被、生态景观感兴趣的旅游、摄影和户外运动的爱好者阅读与收藏。

写在前面的话

> 人间四月芳菲尽，宜上高原始踏青。
> 放眼远望川西北，无边草色处处新。

  川西北高原是我国重要的生态功能区和四川牧区的主要组成部分，是长江、黄河上游的重要生态屏障，是藏族与羌族的聚居区。这里蕴藏了丰富的植物资源，如川贝母、绿绒蒿、红景天、沙棘、独一味、雪莲花等；这里有着丰富的旅游资源，如著名的九寨沟、黄龙、海螺沟、稻城亚丁、四姑娘山等；这里还有人们向往的藏族、羌族文化。

  朋友，你可以拨冗前往，在那里，美丽的景色与你不期而遇，热情的牧民将为你奏响一段段动人的旋律。我们编写的这本《川西北高原常见观赏植物集锦》将带你前往广袤的草原——鲜花盛开的海洋，你将获得一片宁静、一份愉悦、一种享受。

> 昨夜西风进高原，吹得草地如金盘。
> 凝露寒霜严相逼，朔风冽冽黄花眠。

  西风起，高原的秋天就来了；西风再起，高原的秋天已入泥；风又起，雪花满天飞舞，溪河断流，冰雪封冻。冬天，漫长的冬天处处是白茫茫的景象。雪不知何时已停了，一阵微风过后，远处的河面上泛起片片涟漪，风中竟有一丝暖意，高原的春天悄悄地来到了你身边。碧绿娇嫩的青草中，黄的蒲公英、粉的报春鲜妍而明媚，如少女的笑靥，弥散在空气中的花香，芬芳如情人的呼唤，令人沉醉不知归路。一切都生动起来。韶光流转，天高云淡，草长花开。红的杓兰、紫的角蒿、黄的金莲花、白的银露梅……竞相开放。高原的夏天，美哉！处处花团锦簇！妙哉！时时花香醉人！

  朋友，手捧本书，走进川西北高原，相信你将拥有"诗意栖居"的美感和体悟。

  本书介绍了川西北高原常见观赏植物 44 科 116 属 180 种。全书分总论与各论两部分。总论部分概述了川西北高原自然环境、民俗文化、旅游观光、植被概况以及常见观赏植物资源现状。各论部分根据 2016 年出版的《被子植物 APG Ⅳ 分类法》《中国植物志》《中国高等植物图鉴》《中国高等植物彩色图鉴》等专著资料，利用数码彩图照片结合植物分类术语，描述了植物的形态特征、生长环境、分布与观赏时间，并根据观赏部位特征与植株的形态进行观赏指数推荐。

　　本书由四川省草原科学研究院、四川省自然资源科学研究院、四川省阿坝藏族羌族自治州红原县生产力促进中心共同组织编写。书中的观赏植物资源照片是我们这群来自 3 个单位的科技人员历经 5 年所得。五年中，我们先后前往阿坝藏族羌族自治州红原县、若尔盖县、阿坝县和甘孜藏族自治州稻城县、理塘县、道孚县等 20 余个县，累计调查收集了 500 余种观赏植物。其间，我们也曾偶遇大熊猫、金丝猴，也热情地拥抱过珙桐、金丝楠木，更多的却是行程的艰辛、当地人的误解、恶犬的围攻和狼、毒蛇、飞石、泥石流、山体滑坡的威胁。

常入青山觅芳踪，雾锁云深险峰中。
犹伴鲜花与美图，一腔心血不付东。

　　由于成书匆忙，编者知识水平有限，错漏之处在所难免，望读者在阅读过程中多指正，以期再版修订完善。

编　者
2019 年 5 月

目　录

目录

附　录

1　川西北高原自然地理概况

1.1　地理位置

　　川西北高原包含了阿坝藏族羌族自治州（以下简称阿坝州）、甘孜藏族自治州（以下简称甘孜州）两州，位于青藏高原东南缘，北部与青海省果洛藏族自治州、甘肃省甘南藏族自治州接壤，东南西面分别与四川省成都、绵阳、德阳、雅安、凉山彝族自治州（以下简称凉山州）、云南省迪庆州、西藏自治区昌都等市州接壤，是全国第二大藏区和唯一的羌族聚居区，总面积 20 余万平方千米。

川西北高原行政区划示意图

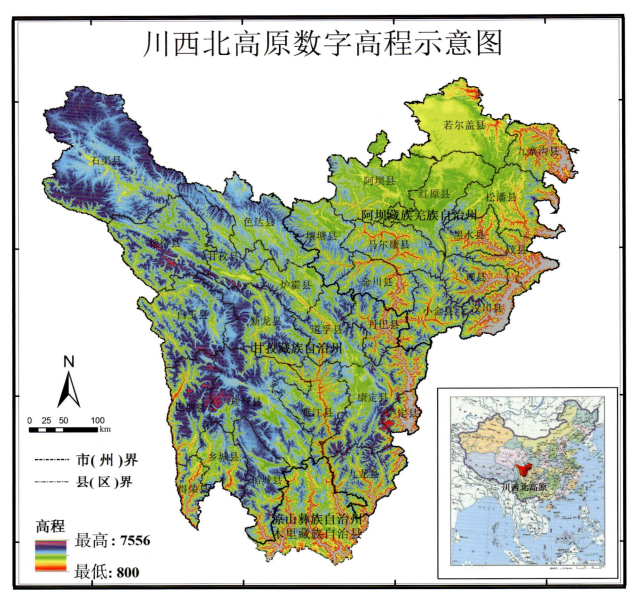

川西北高原数字高程示意图

1.2 地形、地貌

川西北高原地处横断山脉与青藏高原的过渡地带，也是四川盆地向青藏高原的过渡地带，地势高耸，地形复杂，西部为唐古拉山脉、昆仑山、巴颜喀拉山脉东缘余尾，东北承接秦岭山脉西龙门山，南为横断山脉，北接秦岭。岷山、邛崃山、夹金山、大雪山、折多山、沙鲁里山由北向南绵延千里，悬岩绝壁随处可见；贡嘎山高达 7 556 米，耸峙于群山之巅，山顶终年积雪，四周冰川密布，为四川省第一高峰。大小河流星罗棋布，涪江、岷江、雅砻江、金沙江贯穿其中。

地　貌	特　点	主要分布
丘状高原区	以丘陵和平原为主，植被以灌丛草甸为主，土层肥厚，是高原上的主要牧场	甘孜州石渠、色达、甘孜、炉霍县全境，德格东部，阿坝州若尔盖县热乐郎山以南，班佑河以西，松潘县毛儿盖和红原县查针梁子至壤塘县南木达一线以北地区
高山原河谷区	为丘状高原向山地过渡地带，区内林草交错分布，多原始森林、优良牧场及农耕地	甘孜州新龙、稻城、雅江县全境与康定市、道孚、白玉、理塘、乡城县部分区域，以及阿坝州金川、马尔康、黑水县以北的丘状高原边缘地区
高山深谷区	为高山峡谷地带，分布着四川省内的主要高山，植被垂直地带性明显，多河谷灌丛、次生阔叶林、针叶林	主要包括岷江、大渡河、雅砻江与金沙江高山深谷区域

1.3　山脉、河流

　　川西北高原境内从东至西有龙门山、岷山、邛崃山、大雪山与沙鲁里山五大山脉，后两大山脉是巴颜喀拉山脉向南延伸的余脉。

川西北高原山脉分布

山　脉	位　置	主　峰
龙门山	四川盆地西北边缘，广元市、都江堰市之间，东北至西南走向，东北接摩天岭，西南止于岷江边，绵延200多千米；主要有龙门、茶坪、九顶等山峰	九顶山，海拔4 984米
岷山	强烈隆升的褶皱山地，北起甘肃东南岷县南部，南止四川盆地西部峨眉山，南北逶迤700多千米，有"千里岷山"之说；山势北段为北西向，南段转为东北向，山脊海拔4 000～4 500米；主要有摩天岭、雪宝顶、九顶山、青城山等山峰	雪宝顶，海拔5 588米
邛崃山	横断山脉最东缘的山系，东侧是四川盆地，西侧是横断山脉，四川盆地和青藏高原的分界线，割断东西交通，河流纵列南北流向；主要有霸王山、巴朗山、夹金山、二郎山等山峰	四姑娘山幺妹峰，海拔6 250米
大雪山	大渡河和雅砻江之间的分水岭，位于甘孜州内，呈南北走向，其余脉牦牛山向南伸入凉山州，南北延伸400多千米，是四川省西部重要地理界线；从北到南主要有党岭山、折多山、贡嘎山、紫眉山等海拔6 000米以上的高峰	贡嘎山，海拔7 556米
沙鲁里山	甘孜州、凉山州的西部，为横断山脉北端中部山脉，南北走向，海拔4 000米以上，雪峰连绵，是金沙江和雅砻江的分水岭，四川省境内最长、最宽的山系；由北向南有雀儿山、素龙山、海子山、木拉山等山峰	格聂峰，海拔6 204米

　　川西北高原是长江、黄河水系的分水岭和重要的水源地，长江上游主要支（干）流金沙江、雅砻江、大渡河、岷江、嘉陵江、涪江及黄河的白河（嘎曲）、黑河（墨曲）和贾曲三条支流均发源于此，素有"中华水塔"之称。同时，区内高山、极高山天然湖泊众多，仅甘孜州就有2 400余个，大多为冰蚀湖泊。受第四纪冰川运动影响，境内形成的冰蚀湖多为淡水湖，对全球气候变化有极其重要的影响，被誉为"地球之肾"，以阿坝州九寨—黄龙海子群、若尔盖花湖及甘孜州稻城县海子山海子群、康定县木格措、巴塘姊妹海子等最为知名。

金沙江

长江黄河分水岭

川西北高原水系分布

水系	干流	支流	流域面积
长江	金沙江是长江的正源，在甘孜州境内流径775.6千米	长江重要支流雅砻江、大渡河、岷江、嘉陵江、涪江等，其中雅砻江为金沙江的最大支流	21.98万平方千米
黄河	流经阿坝州境内165千米	黄河上游重要水源补给区阿坝县、若尔盖县、红原县，包括白河（嘎曲）、黑河（墨曲）和贾曲3条支流	1.74万平方千米

1.4 气候

川西北高原属于季风气候，总的特征以寒温带气候为主，河谷干暖，山地冷湿，光照丰富，降水量少。南北跨6个纬度，气温自南向北逐渐降低；地形复杂，各地气温变化较大。总体气温共有特点为：年均温差小，日温差大；最冷出现在1月，最热出现在7月；春季回升较快，秋季下降迅速；冬季寒冷，夏季温凉，长冬无夏，春秋相连，无四季之分。降水季节性较强，分布很不一致，夏季5~10月为雨季，占降水总量的80%；冬季降水稀少。地区之间干湿悬殊明显，大部分地区年降水为600~800毫米。降雪时间和天数受纬度、地势及海拔高低影响较明显。

川西北高原虽气温低，但日照充足，日照时间相对较长，总辐射量多，光质好，光能资源十分丰富，各地常年日照时数一般为1 600~2 600小时，绝大部分地区超过2 000小时。

1.5 土壤

川西北高原多属高山土壤，为发生在第四纪以来受冰川作用的地带，土壤发育历史短，成土母质以冰碛物、残积－坡积物为主，包含高山寒漠土（流石滩）、沼泽土、高山草甸土、山地黄壤等10个主要类型。

川西北高原土壤主要类型

土壤类型	特征	海拔（米）
高山寒漠土（流石滩）	上接雪线，气候条件十分恶劣，平均气温－5℃以下，土壤的发育程度低，土层浅薄，呈不连续分布，岩石经强物理风化作用，多为碎屑，细粒很少，处于原始成土阶段	≥4 200
沼泽土	分布在高原盆地或河源地带宽谷坝地之低洼处，河谷、洼地、或湖泊四周，偶有出现山前地下水溢出带	3 500~4 200
高山草甸土	分高山灌丛草甸土与高山草甸土，两类土壤一般交错分布，阴坡或沟谷高山灌丛草甸下为高山灌丛草甸土，阳坡高山草甸下为高山草甸土，二者均处于高山亚寒带气候条件下，发育的环境寒冷严酷	4 100~4 700
山地灰化土	分布在山地寒温带范围内，发育于湿润的亚高山针叶林下的代表性土壤	3 500~4 200
山地灰棕壤	与山地棕壤形成的气候条件相似，但气候更加冷湿，土壤中进行较明显的灰化作用	2 800~3 500
山地棕壤	湿润的山地暖温带和温带生物气候条件下形成的土壤类型，植被以亚高山针叶林为主	2 200~3 500
山地棕褐土	分布比山地褐土高，且较山地褐土湿润，植被有云杉林、圆柏林、高山松林以及川滇高山栎林等，分布高度范围变化大，有山地褐土、山地棕壤交错成复区	2 200~3 000
山地褐土	发育在干旱河谷地带灌丛草坡下的土壤，由于植被稀疏，地面冲刷较严重	1 500~2 200
山地黄棕壤	山地黄壤和山地棕壤之间的过渡土类，形成于湿润的常绿阔叶和落叶阔叶混交林下，具有轻微的富铝化特征，比山地黄壤肥力高	1 600~2 200
山地黄壤	形成于湿润山地亚热带常绿阔叶林下，母岩复杂多样，有砂页岩、石灰岩和板岩等，表土层有机质积累多而下层少	700~1 600

高山冰蚀湖

姊妹海子

2 川西北高原文化旅游资源

2.1 历史文化

    川西北高原东部是古史传说中中华民族的人文始祖嫘祖、圣王大禹的故里及古蜀文化与神仙文化的发祥地。岷江上游在历史上长期被古人奉为长江的源头。川西北高原也是我国古史神话传说中的圣山"昆仑"核心区，藏族、羌族、彝族等民族发源的重要的摇篮地，藏族传说英雄格萨尔王的故里，南方丝绸之路和茶马古道主干道穿越区暨贸易区，具有深厚的历史文化底蕴，保留着丰富的历史文化遗存。

2.2 民族文化

    川西北高原是多民族集聚区，有藏族、羌族、彝族、回族等10余个民族，包括全国第二大藏族聚居区、全国唯一的羌族聚居区，民族自治地区总面积近28万平方千米。美丽的民族村寨、欢乐的民族节会、丰富多彩的民族歌舞、绚丽多姿的民族服装、巧夺天工的民族工艺品、风味独具的民族美食、神奇的藏羌碉楼、传奇的嘉绒美女、奇特的婚丧风俗、神秘的民间传说……各具独特魅力、引人入胜。不同地区、不同民族(族群)在生产劳动、日常生活方面皆有着不同习俗。以种植、养殖、游牧生产及畜产品加工、建筑、手工业生产(如冶铸及金属制品加工、制陶、纺织、刺绣、编织、竹木漆器、酿酒、产茶、雕塑等)为代表的民族生产形式多样；以居处、服装、饮食、信仰、歌舞、游娱、竞技、艺术、传说等为代表的民俗文化丰富多姿，各种非物质文化遗产异彩纷呈。

藏 寨

碉 楼

白 塔

2.3 宗教文化

川西北高原康巴、安多、嘉绒藏区的藏传佛教文化保存完整、宗教文化氛围浓厚，以格鲁派、宁玛派、萨迦派、噶举派和苯噶（苯纳）派为主要教派。川西北羌族承袭古蜀巫、"释比"文化，原始宗教信仰充满神秘色彩。区域内佛教、道教、伊斯兰教、天主教、基督教等多宗教和谐共存，拥有大量寺庙建筑（如五明佛学院、亚青寺等）、宗教仪式、宗教文物、神山圣湖、节日庙会等，就连群众生产生活也普遍存在着宗教文化的色彩。

五明佛学院

2.4 红色文化

川西北高原是红军长征途中停留时间最长、行程最艰难、重要会议最多的地区之一。1935 年 6 月，红军克服千难万险，在川西北翻越第一座大雪山——夹金山，进入川西北高原，先后举行了两河口会议、芦花会议、巴西会议等，翻越梦笔山、长板山、昌德山、打鼓山等海拔 4 000 米以上的大雪山，历时两年才走出被称为"死亡之海"的草地。红军在这里建立了最早的省级民族革命政权，留下了大量革命纪念建筑、遗址、标语和各种文物、故事与传说。这里是不畏艰难困苦红军长征精神的重要承载地和中国革命的重要转折地。小金两河口会议旧址、马尔康卓克基会议旧址、红原瓦切红军长征纪念遗址、若尔盖巴西会议旧址和松潘川主寺红军长征纪念碑碑园等以及雪山草地成为了著名的红色旅游地。

红军长征翻越夹金山纪念馆

红军长征走过的大草原

3 观赏植物概况

3.1 植物区系

川西北高原为横断山区腹心地带，在中国植物区系分区中是作为泛北极植物区中国—喜马拉雅亚区中的一个地区，其种子植物区系具有丰富的科、属、种，地理成分复杂，特有现象和替代现象明显。该区域作为青藏高原向四川盆地和云贵高原的过渡地带，由于地形复杂，成为第四纪冰川期"生物的避难所"，保留了许多孑遗植物，使得该地区植物的特有性程度很高；同时由于山地起伏，海拔高度落差大，植物物种之间的地理隔离容易出现，使得该地区成为众多植物新种的分化中心和起源地，是世界有名的动植物宝库、南北动物走廊和物种分化中心，也是一个物种丰富度举世罕见的自然生物博物馆。

川西北高原作为植物区系和生物多样性的研究热点，早为世人瞩目，长期以来受到中外植物学家的极大关注，科研人员进行过大量的植物标本采集和植被调查，不少高山花卉被引种于世界各地，誉为"世界花园之母"。据不完全统计，该区高等植物（有维管束植物）244 科 1 144 属 5 342 种，具有珙桐、银杉、桫椤、水杉、黄牡丹、棕背杜鹃、大王杜鹃、香水月季、桃儿七、紫堇、羽叶丁香、白芨、独花兰、大叶火烧兰、独蒜兰、对叶兰、二叶红门兰、流苏虾脊兰、舌唇兰、绶草、峨眉含笑、凹叶厚朴、西康玉兰、圆叶玉兰等珍稀、特有植物 100 余种。

野生大熊猫

巴朗山

3.2 植物多样性

川西北高原由于青藏高原的隆起破坏了植被的水平地带性分布规律，而高山峡谷地形地貌多样，自然生态系统复杂、气候与生物资源垂直分布带谱完备，又使得植物种类极为丰富。川西地区南部以黄茅埂和贡嘎山为界，黄茅埂和贡嘎山以东的基带植被为偏湿性常绿阔叶林。该区以东南季风影响为主，气候温暖湿润，雨量充沛，干湿季不显著，形成以喜温暖湿润的樟科、壳斗科、山茶科等种属为主的常绿阔叶林，以马尾松、杉木、柏木为主的亚热带针叶林。川西地区北部大雪山以东，东南季风受邓峡山系的阻挡而削弱，又加之地势高，导致基带不存在偏湿性常绿阔叶林。川西地区南部，黄茅埂以西，木里、九龙以南的区

林草交错植被

域受西南季风影响为主，但冬半年其上空西风南支急流又通过本区域，近地面层大气又受阿拉伯、印度北部热带大陆气团控制，形成干暖气候，旱季长达半年之久，干湿季分明，因此该区基带植被以耐干性的壳斗科等种类组成的常绿阔叶林为主，或称偏干性常绿阔叶林，云南松、云南油杉、干香柏等为主的亚热带针叶林。川西地区北部是高山高原，一般高出海面 3 500~4 500 米，属青藏高原向东延伸的部分，受西南、东南季风影响较弱，受青藏高原高压影响更为突出，降水量小，为半湿润地区，植被组合在高山峡谷为亚高山针叶林、硬叶常绿阔叶林，高山和高原面以高山灌丛、高山草甸为主。河谷受"焚风"影响，植被以适应干旱的灌丛为主。川西北高原面广，高山众多，河谷深切，气候多样，从而形成了不同地域山地植被垂直分布。

川西北高原垂直地带性植被类型

类　型	区域/海拔	代表植物
河谷旱生灌丛带	白龙江上游、岷江、大渡河、雅砻江、金沙江沿岸，海拔 1 500 米以下，气候火热干旱，"焚风"影响强烈	主要以耐干旱、多刺、肉质灌丛为代表
常绿阔叶林带	海拔在 2 500 米以下	优势树种多为高山栲、滇青冈、元江栲、多变石栎、黄毛青冈、油樟、白楠等，川桂、新樟、银木荷、木兰科等
山地针叶阔叶混交林带	主要海拔分布 2 300~3 500 米	整个区带植被茂密、高大，代表植物为铁杉、油松、云南松、槭、桦等，林下以箭竹、杜鹃、川滇高山栎、悬钩子等灌丛，草本植物以早熟禾、鹅观草等
亚高山针叶林带	多与高山灌丛或亚高山草甸交错存在，海拔为 3 000~4 400 米	主要为高山松、川西云杉、丽江云杉、鳞皮冷杉、方枝柏等，林下多为理塘杜鹃、矮高山栎、两色杜鹃、陇蜀杜鹃等灌丛
高山灌丛	高山灌丛的上限至高山流石滩，下限与亚高针叶林相接，常与高山草甸镶嵌分布，海拔为 3000~4600 米	分布于森林线以上，主要建种为灌木的植被类型，灌木主要为理塘杜鹃、隐蕊杜鹃、康定柳、窄叶鲜卑花、川滇绣线菊、伏毛银露梅、金露梅、川西锦鸡儿、沙棘、西藏忍冬等
高山草甸	位于流石滩植被的下部，亚高山针叶林带的上部，海拔为 3 900~4 800 米	建群植物层片中最占优势的是密丛莎草，其次为密生禾草、莲座杂类草等，植物多具有密丛、矮小、莲座状和垫状、密被绒毛、根茎发达等特征，如高山嵩草、四川嵩草、草地早熟禾、蒲公英、黄帚橐吾、高原毛茛等
高原沼泽植被	高原沼泽多集中在宽谷集水凹槽或丘原低矮滞水地区，如阿坝州的若尔盖县、红原县、阿坝县，甘孜州的石渠县、色达县、甘孜县、新龙县、德格县、理塘县、稻城县等，海拔多在 3 400~4 400 米	其代表植物以湿生植物为主，如展苞灯心草、灯心草、甘肃嵩草、草麻黄、高原毛茛、矮生嵩草、黑褐苔草等
流石滩植被带	主要分布在海拔 4 500~5 000 米的高山山顶，直至雪线以下，冬季严寒而漫长，辐射强，昼夜温差悬殊，风大，日照强烈	稀疏而不连续的植被，其主要植物有散生少量的景天、雪莲花、多刺绿绒蒿、苞叶风毛菊等

川西北高原具有众多海拔 3 500 米以上的山脉，是我国山地生物多样性研究的优秀地区。山地由于具有浓缩的环境梯度和高度异质化的生境、相对较低的人类干扰强度，以及在地质历史上常成为大量物种的避难所和新兴植物区系分化繁衍的摇篮，所以发育和保存着较高的生物多样性，成为全球生物多样性研究和保护的重点区域。山地不仅反映和浓缩了水平地带性的自然地理特点和生物地理特征，成为验证和发展有关物种多样性理论的理想场所，也由于受人类活动的影响较小而富含生物多样性资源，成为可持续发展的重要生物资源保障。

3.3 自然旅游资源

川西北高原地处青藏高原东南缘，位于我国地形三大阶梯中第二阶梯向第一阶梯过渡的转折地带，是地形地貌的重要分界区，特殊的构造环境与复杂的气候特征导致了该区域具备独特的多元化自然景观资源，森林茂密、草原辽阔、水能充足，各种旅游资源异常丰富。

旅游景观　区内拥有 3 处世界自然遗产——九寨沟、黄龙、大熊猫栖息地，30 余处自然保护区，还包括全国闻名的九曲黄河第一湾、海螺沟、康定古城、新都桥等旅游名胜地，自然旅游资源极其丰富。

川西北高原主要自然旅游景区

景区名称	等级	类型	地址
九寨沟风景名胜区	5A	世界自然遗产	四川省阿坝州九寨沟县
黄龙风景名胜区	5A	世界自然遗产	四川省阿坝州松潘县
卧龙特别旅游区		世界自然遗产	四川省阿坝州汶川县
甘孜州海螺沟景区	5A		四川省甘孜州泸定县
汶川特别旅游区	5A		四川省阿坝州汶川县
四姑娘山风景区	4A		四川省阿坝州小金县
达古冰山风景区	4A		四川省阿坝州黑水县
理县毕棚沟景区	4A		四川省阿坝州理县
茂县叠溪·松坪沟景区	4A		四川省阿坝州茂县
若尔盖县九曲黄河第一湾景区	4A		四川省阿坝州若尔盖
松潘县川主寺旅游景区	4A		四川省阿坝州松潘县
红原县花海景区	4A		四川省阿坝州红原县
红原县月亮湾景区	4A		四川省阿坝州红原县
稻城亚丁风景区	4A		四川省甘孜州稻城县
康定情歌（木格措）风景区	4A		四川省甘孜州康定市
甘孜州石渠县邓玛湿地景区	4A		四川省甘孜州石渠县
甘孜州石渠县真达神鹿谷景区	4A		四川省甘孜州石渠县
甘孜州康定木雅圣地旅游景区	4A		四川省甘孜州康定市
道孚县墨石公园旅游景区（中国墨石公园景区）	4A		四川省甘孜州道孚县

九寨沟诺日朗瀑布

稻城亚丁

川西经典户外线路

线路名	途经线路	地理位置及特点
牛背山线	成都—雅安—天全—二郎山—冷碛镇—牛背山山顶	四川省雅安市荥经县境内与甘孜州泸定县交界，属二郎山分支，原名大矿山、野牛山，是青衣江、大渡河的分水岭，山顶海拔 3 660 米。四面环山中间突起的独特地形，使它与达瓦更扎同时获得 360 度全方位"中国最大的观景平台"和绝佳摄影圣地的美称。山侧的聂脚沟娘娘顶，更是可俯瞰到大渡河河谷，视野极佳
达瓦更扎线	成都—雅安—芦山—宝兴—嘎日村—达瓦更扎	四川省雅安市宝兴县硗碛藏族乡嘎日村境内，景区面积近 50 平方千米，山顶最高海拔 3 866 米，属于邛崃山脉，地势北高南低。达瓦更扎在藏语里意思是"美丽的神山"，被誉为"亚洲通达最好的 360 度观景平台"，既可环顾贡嘎群峰、峨眉山等名山，又能观赏云海、日照、佛光等景色
四人同线	成都—二郎山—冷碛镇—长海子—四人同—冷碛镇—成都	四川省甘孜州与雅安市交界地区，被誉为 360 度观景平台，山峦重重，云雾缭绕，是很多野生动物的栖息之所，可见日出、日落、佛光、云海、云瀑、日照金山、日月同辉、银河、漫天繁星等风光
七藏沟线	成都—松潘—卡卡沟—长海子—草海—阿翁沟—松潘	四川省西北、川主寺镇北部，毗邻黄龙机场。在著名的黄龙景区和九寨沟景区的后山部分方圆约 50 平方千米，由卡卡沟、阿翁沟、红星沟等组成，其间草深木繁，高峰林立，溪水潺潺却渺无人烟
党岭线	成都—四姑娘山—小金县—丹巴—党岭村—丹巴—成都	四川省甘孜州丹巴县西北部的边耳乡境内，距县城约 68 千米。风景秀丽，其雄奇壮美的雪峰、星罗棋布的高山湖泊、原始天然的露天温泉、苍翠茂密的原始森林、缓缓流淌的清溪、绿茵似毯的草甸、珍奇稀有的动植物共同组成了集观光、登山、科考、徒步探险等为一体的综合性山岳风景旅游胜地
洛克线	成都—西昌—木里县城—嘟噜村—白水河—满措—万花池—夏诺多吉—杂巴拉—曲纽阿措姆—央迈勇—勒西措—仙乃日—洛绒牛场—冲古寺—亚丁—稻城	从木里徒步穿越到稻城亚丁的路线，历史上称"洛克线"。1928 年 3 月，美国探险家约瑟夫·洛克从木里出发，穿越稻城、亚丁等地，深入贡嘎岭地区。1933 年 4 月，詹姆斯·希尔顿以约瑟夫·洛克在滇川西北探险时刊登在《国家地理》杂志的系列文章和照片资料作为素材，尤其是以贡嘎岭三座神山（仙乃日、央迈勇、夏诺多吉）的探险经历，创作了著名的小说——《消失的地平线》。小说问世以来受到人们的追捧，人们将小说中所描述雪山、峡谷、森林草原、寺庙的"世外桃源"称之为"香格拉"，从此全世界都在寻找香格里拉
贡嘎环线	成都—雅安—二郎山—泸定—康定—老榆林—电站—格西草原—两岔河—下日乌且—上日乌且—日乌且垭口—莫溪沟尾营地—冬季牧场—贡嘎寺—下子梅村—子梅垭口—下子梅—巴旺海—界碑石—草科或石棉—成都	贡嘎山海拔 7 556 米，是四川省最高的山峰，被称为"蜀山之王"。山区高峰林立，冰坚雪深，险阻重重，是中国罕见的高海拔海洋性冰川之一，在登山运动和科学研究中占有十分重要的地位，是一座极受登山及徒步爱好者青睐的名山。2005 年，《国家地理》杂志选美中国特辑里，入选为中国最美的十大名山（排名第二，第一是南加巴瓦）。贡嘎山风景区以贡嘎山为中心，由海螺沟、木格措、五须海、贡嘎南坡等景区组成。贡嘎主峰周围林立着 145 座海拔五六千米的冰峰，形成了群峰簇拥、雪山相接的宏伟景象。贡嘎山景区内有 10 多个高原湖泊，著名的有木格措、五须海、人中海、巴旺海等，有的在冰川脚下，有的在森林环抱之中，湖水清澈透明，保持着原始、秀丽的自然风貌
格聂线	成都—康定—理塘—查冲西—理塘—康定—成都	格聂峰海拔 6 204 米，是四川第三高峰，康南第一高峰，也是藏区有名的神山圣地格聂自然保护区，位于四川省理塘县热柯乡境内，面积近 500 平方千米。以格聂山为中心，周围由山峰、原始森林、草原、湖泊、温泉、寺庙、藏乡风情构成

经典自驾线路

线路名	途经线路	主要景点
九寨环线	成都—理县桃坪羌寨—米亚罗—红原—若尔盖—黄龙—九寨沟—绵阳—成都	红原大草原、红原俄么塘花海、九曲黄河第一湾、若尔盖花湖、九寨沟、黄龙
川西大环线	成都—天全—泸定—康定—新都桥—雅江—理塘—巴塘—白玉—德格—甘孜—色达—翁达—壤塘—马尔康—米亚罗—理县—汶川—日隆—都江堰—成都	泸定桥、海螺沟、康定古城、新都桥、五明佛学院
川西小环线	成都—汶川—马尔康—观音桥镇—色达县城—炉霍—甘孜—理塘—香格里拉镇—理塘—雅江—新都桥—康定—雅安—成都	五明佛学院、汶川特别旅游区、稻城亚丁、新都桥、海螺沟、木格措
泸沽湖、亚丁穿越线	成都—新都桥—理塘—稻城—亚丁—俄亚—泸沽湖—西昌—成都	稻城亚丁风景区、泸沽湖"神奇的东方女儿国"

牛背山云海

景观植被 川西北高原河流众多，海拔落差巨大，孕育了丰富的景观植被资源，如河谷灌丛、原始森林、高寒草甸、花湖花海等，类型复杂、色彩缤纷、美不胜收。

高寒草原景观

杜鹃花海

川西北高原典型花海景观

地　点	最佳参观时间（月份）	植被类型	景观特点
若尔盖县花湖	6～8	草甸草原（高寒湿地）	高寒草甸、沼泽植被季相变化丰富
红原县俄木塘花海	6～8	草甸草原	紫菀、马先蒿、圆穗蓼、毛茛、银莲花属等高原草甸植物规模大、草甸密度高
石渠县扎溪卡大草原	7～8	草甸草原	高原草甸水草丰美，气势磅礴
炉霍县宗塔草原	6～9	草甸草原	色彩绚丽，有多个花期，各个阶段花色逐渐变化
道孚县玉科大草原	6～8	草甸草原	典型的冰蚀地貌，雪山森林，草原漫坡，具有天然温泉浴池
道孚县龙灯草原	6～8	草甸草原	坦荡宽阔，形如吉祥八宝图，人文底蕴厚重
道孚县八美草原	6～8	草甸草原	千姿百态的糜棱岩土石与广袤的草甸
康定市塔公草原	6～8	草甸草原	人文景观（塔公寺）与自然景观相融
理塘县毛垭大草原	6～8	草甸草原	沼泽湿地众多，河流从草甸中穿梭
茂县九顶山杜鹃花海	7～8	亚高山灌丛	集地史景观、天象景观以及万亩草甸和高山杜鹃为一体
金川县曾达乡杜鹃花海	6～8	亚高山灌丛	杜鹃、紫苑、翠雀、马先蒿、绿绒蒿等高原野生花卉色彩绚丽，面积广阔
泸定县海螺沟杜鹃花海	4～8	亚高山灌丛	世界野生杜鹃花分布最集中的地方，从低往高，次第开放
泸定县燕子沟杜鹃花海	4～5	亚高山灌丛	高山杜鹃、美容杜鹃、问客杜鹃、银叶杜鹃等杜鹃品类繁多，花期不一
康定市荷花海国家森林公园	4～7	亚高山灌丛、湖泊	高山杜鹃花海面积大、壮观，高山湖泊、温泉相伴

3.4 观赏植物资源

野生高山观赏植物资源异常丰富，种类多达数千种。按生长类型分乔木、灌木、草本和藤本，分别有红杉、高山杜鹃、马先蒿、铁线莲；按观赏特点分观花、观果、观叶植物和观形树木，有杓兰、紫菀、绿绒蒿、沙棘、忍冬、蔷薇、三颗针、青冈、枫香、罗汉松、高山柏、雪杉等。每年2～11月，从海拔1 000米的河谷到5 000米的高山地带，清丽的报春、美艳的杜鹃、多姿的龙胆、圣洁的百合、迷人的绿绒蒿、优雅的康定木兰等各种高山花卉争奇斗艳，将川西北高原装点成一个五彩缤纷的世界。

本书收录常见观赏植物180种，并分别赋予推荐观赏指数。指数是根据植物花、果、叶、形的观赏特点，制定评分细则分别赋值，并通过向长期工作在川西北高原的科技工作者、地方管理人员、旅游爱好者问卷调查后，综合所得，仅供参考。

本书收录常见观赏植物列表

植物名（拉丁名）	观赏特点	生长类型	观赏指数
川西云杉（*Picea likiangensis* var. *rubescens* Rehder & E. H. Wilson）	形	乔木	★★★
高山柏（*Juniperus squamata* Buchanan－Hamilton ex D. Don）	形	灌木	★★★
大果圆柏（*Juniperus tibetica* Komarov）	形	乔木	★★★
青甘韭（*Allium przewalskianum* Regel）	花	多年生草本	★★★
高山韭（*Allium sikkimense* Baker）	花	多年生草本	★★★
暗紫贝母（*Fritillaria unibracteata* Hsiao et K. C. Hsia.）	花	多年生草本	★★★
西南萱草（*Hemerocallis forrestii* Diels）	花	多年生草本	★★★★
岷江百合（*Lilium regale* Wilson.）	花	多年生草本	★★★★★
宝兴百合（*Lilium duchartrei* Franch.）	花	多年生草本	★★★★
西藏杓兰（*Cypripedium tibeticum* King ex Rolfe）	花	多年生草本	★★★★
绶　草［*Spiranthes sinensis*（Pers.）Ames］	花	多年生草本	★★★
西南手参（*Gymnadenia orchidis* Lindl.）	花	多年生草本	★★★
葱状灯心草（*Juncus allioides* Franch.）	花	多年生草本	★★★
全缘叶绿绒蒿［*Meconopsis integrifolia*（Maxim.）French.］	花	一年生至多年生草本	★★★★★
总状绿绒蒿（*Meconopsis racemosa* Maxim.）	花	一年生草本	★★★★
红花绿绒蒿（*Meconopsis punicea* Maxim.）	花	多年生草本	★★★★
川西绿绒蒿（*Meconopsis henrici* Bur. et Franch.）	花	一年生草本	★★★★
虞美人（*Papaver rhoeas* L.）	花	一年生草本	★★★★★
细果角茴香（*Hypecoum leptocarpum* Hook. f. et Thoms）	花	一年生草本	★★★
钩距黄堇（*Corydalis hamata* Franch.）	花	多年生草本	★★★★
条裂黄堇（*Corydalis linarioides* Maxim.）	花	多年生草本	★★★★
鲜黄小檗（*Berberis diaphana* Maxim.）	花、果、形	灌木	★★★
桃儿七［*Sinopodophyllum hexandrum*（Royle）Ying］	花、果	灌木	★★★★
川赤芍［*Paeonia anomala* subsp. *veitchii*（Lynch）D. Y. Hong & K. Y. Pan］	花	多年生草本	★★★★★
露蕊乌头（*Aconitum gymnandrum* Maxim.）	花	多年生草本	★★★
草玉梅（*Anemone rivularis* Buch.－Ham.）	花	多年生草本	★★★
大火草［*Anemone tomentosa*（Maxim.）Pei］	花	多年生草本	★★★★★
展毛银莲花（*Anemone demissa* Hook. f. & Thomson）	花	多年生草本	★★★
水毛茛［*Batrachium bungei*（Steud.）L. Liou］	花	沉水草本	★★★
花葶驴蹄草（*Caltha scaposa* Hook. f. et Thoms.）	花	多年生草本	★★★★
甘青铁线莲［*Clematis tangutica*（Maxim.）Korsh.］	花	藤本	★★★★
甘川铁线莲［*Clematis akebioides*（Maxim.）Hort. ex Veitch］	花	藤本	★★★★
康定翠雀花（*Delphinium tatsienense* Franch.）	花	多年生草本	★★★★★
长茎毛茛［*Ranunculus nephelogenes* var. *longicaulis*（Trautvetter）W. T. Wang］	花	多年生草本	★★★★
高原毛茛［*Ranunculus tanguticus*（Maxim.）Ovcz.］	花	多年生草本	★★★★
钩柱唐松草（*Thalictrum uncatum* Maxim.）	花	多年生草本	★★★
矮金莲花（*Trollius farreri* Stapf）	花	多年生草本	★★★★
黑蕊虎耳草（*Saxifraga melanocentra* Franch.）	花	多年生草本	★★★★
山地虎耳草（*Saxifraga sinomontana* J. T. Pan & Gornall）	花	多年生草本	★★★

川西北高原常见观赏植物集锦

植物名（拉丁名）	观赏特点	生长类型	观赏指数
唐古特虎耳草（*Saxifraga tangutica* Engl.）	花	多年生草本	★★★
凹瓣梅花草（*Parnassia mysorensis* Heyne ex Wight et Arn.）	花	多年生草本	★★★★
三脉梅花草（*Parnassia trinervis* Drude）	花	多年生草本	★★★
小丛红景天 [*Rhodiola dumulosa*（Franch.）S. H. Fu.]	花	多年生草本	★★★
四裂红景天 [*Rhodiola quadrifida*（Pall.）Fisch. et. Mey.]	花	多年生草本	★★★
圆丛红景天 [*Rhodiola coccinea*（Royle）Borissova]	花	多年生草本	★★
德钦红景天 [*Rhodiola atuntsuensis*（Praeg.）S. H. Fu.]	花	多年生草本	★★★
长鞭红景天 [*Rhodiola fastigiata*（HK. f. et Thoms.）S. H. Fu.]	花	多年生草本	★★★
大花红景天 [*Rhodiola crenulata*（HK. f. et Thoms.）H. Ohba]	花	多年生草本	★★★
狭叶红景天 [*Rhodiola kirilowii*（Regel）Maxim.]	花	多年生草本	★★★
大果红景天 [*Rhodiola macrocarpa*（Praeg.）S. H. Fu.]	花	多年生草本	★★★
三裂距景天（*Sedum costantinii* Hamet）	花	一年生草本	★★★
川西景天（*Sedum rosei* Hamet）	花	一年生草本	★★
费菜 [*Phedimus aizoon*（Linnaeus）'t Hart]	花	多年生草本	★★★
四川木蓝（*Indigofera szechuensis* Craib）	花、形	灌木	★★★
牧地山黧豆（*Lathyrus pratensis* Linn.）	花	多年生草本	★★★★
川西锦鸡儿（*Caragana erinacea* Kom.）	花、形	灌木	★★★★
鬼箭锦鸡儿 [*Caragana jubata*（Pall.）Poir.]	花、形	灌木	★★★★
多花胡枝子（*Lespedeza floribunda* Bunge）	花、形	灌木	★★★
紫苜蓿（*Medicago sativa* L.）	花	多年生草本	★★★
鄂西绣线菊（*Spiraea veitchii* Hemsl.）	花、形	灌木	★★★★
高山绣线菊（*Spiraea alpina* Pall.）	花、形	灌木	★★★★
窄叶鲜卑花 [*Sibiraea angustata*（Rehd.）Hand. – Mazz.]	花、形	灌木	★★★
金露梅（*Potentilla fruticosa* L.）	花、形	灌木	★★★★★
银露梅（*Potentilla glabra* Lodd.）	花、形	灌木	★★★★★
二裂委陵菜（*Potentilla bifurca* Linn.）	花	多年生草本	★★★
东方草莓（*Fragaria orientalis* Losina – Losinsk）	花	多年生草本	★★★
地榆（*Sanguisorba officinalis* L.）	花	多年生草本	★★★
矮地榆 [*Sanguisorba filiformis*（Hook. f.）Hand. – Mazz.]	花	多年生草本	★★★
陕甘花楸（*Sorbus koehneana* Schneid.）	果、形	灌木或小乔木	★★★
西藏沙棘（*Hippophae thibetana* Schlechtend.）	果、形	灌木	★★
中国沙棘（*Hippophae rhamnoides* L. subsp. sinensis Rousi）	果、形	灌木	★★★
赤瓟（*Thladiantha dubia* Bunge.）	花	多年生草质藤本	★★★
波棱瓜 [*Herpetospermum pedunculosum*（Ser.）C. B. Clarke]	花	一年生草本	★★★
康定金丝桃（*Hypericum maclarenii* N. Robson）	花、形	灌木	★★★★
深圆齿堇菜（*Viola davidii* Franch.）	花	多年生草本	★★★★
康定柳（*Salix paraplesia* Schneid.）	形	灌木	★★★
宿根亚麻（*Linum perenne* L.）	花	多年生草本	★★★★
甘青老鹳草（*Geranium pylzowianum* Maxim.）	花	多年生草本	★★★★
千屈菜（*Lythrum salicaria* L.）	花	多年生草本	★★★★
柳兰 [*Chamerion angustifolium*（Linnaeus）Holub]	花	多年生草本	★★★★★
栾树（*Koelreuteria paniculata* Laxm.）	花、形	落叶乔木或灌木	★★★★★

续表

植物名（拉丁名）	观赏特点	生长类型	观赏指数
蜀　葵（*Althaea rosea* Linnaeus）	花	二年生草本	★★★★★
狼　毒（*Stellera chamaejasme* Linn.）	花	多年生草本	★★★★
荠 [*Capsella bursa-pastoris*（Linn.）Medic.]	花	一年生或二年生草本	★★
紫花碎米荠（*Cardamine tangutorum* O. E. Schulz）	花	多年生草本	★★★★
珠芽蓼（*Polygonum viviparum* L.）	花	多年生草本	★★★
圆穗蓼（*Polygonum macrophyllum* D. D）	花	多年生草本	★★★
华　蓼（*Polygonum cathayanum* A. J. Li）	花	多年生草本	★★★
荞　麦（*Fagopyrum esculentum* Moench）	花	一年生草本	★★★
鸡爪大黄（*Rheum tanguticum* Maxim. ex Regel）	花	多年生草本	★★★
滇边大黄（*Rheum delavayi* Franch.）	花	多年生草本	★★
蔓孩儿参 [*Pseudostellaria davidii*（Franch.）Pax]	花	多年生草本	★★★
卷　耳（*Cerastium arvense* L.）	花	多年生草本	★★★
千针万线草（*Stellaria yunnanensis* Franch.）	花	多年生草本	★★★
瞿　麦（*Dianthus superbus* L.）	花	多年生草本	★★★★★
仙人掌 [*Opuntia stricta*（Haw.）Haw. var. dillenii（Ker-Gawl.）Benson]	花、形	多年生丛生肉质半灌木、灌木	★★★
秦巴点地梅（*Androsace laxa* C. M. Hu et Yung C. Yang）	花	多年生草本	★★★
圆瓣黄花报春（*Primula orbicularis* Hemsl.）	花	多年生草本	★★★★
甘青报春（*Primula tangutica* Duthie）	花	多年生草本	★★★
雅江报春 [*Primula munroi* Lindl. subsp. *yargongensis*（Petitm.）D. G.]	花	多年生草本	★★★★
雪层杜鹃（*Rhododendron nivale* Hook. f.）	花、形	灌木	★★★★
千里香杜鹃（*Rhododendron thymifolium* Maxim.）	花、形	灌木	★★★★★
麻花艽（*Gentiana straminea* Maxim.）	花	多年生草本	★★★
粗茎秦艽（*Gentiana crassicaulis* Duthie ex Burk.）	花	多年生草本	★★★
短柄龙胆（*Gentiana stipitata* Edgew.）	花	多年生草本	★★★
六叶龙胆（*Gentiana hexaphylla* Maxim. ex Kusnez.）	花	多年生草本	★★★★
蓝玉簪龙胆（*Gentiana veitchiorum* Hemsl.）	花	多年生草本	★★★★
线叶龙胆 [*Gentiana lawrencei* var. *farreri*（I. B. Balfour）T. N. Ho]	花	多年生草本	★★★★
青藏龙胆（*Gentiana futtereri* Diels et Gilg）	花	多年生草本	★★★★★
条纹龙胆（*Gentiana striata* Maxim.）	花	一年生草本	★★★★
刺芒龙胆（*Gentiana aristata* Maxim.）	花	一年生草本	★★★★
反折花龙胆（*Gentiana choanantha* C. Marquand）	花	一年生草本	★★★
卵萼龙胆（*Gentiana bryoides* Burk.）	花	一年生草本	★★★
蓝白龙胆（*Gentiana leucomelaena* Maxim.）	花	一年生草本	★★★
弯茎龙胆（*Gentiana flexicaulis* H. Smith ex Marq.）	花	一年生草本	★★★
匙叶龙胆（*Gentiana spathulifolia* Maxim. ex Kusnez.）	花	一年生草本	★★★★
阿坝龙胆（*Gentiana abaensis* T. N. Ho）	花	一年生草本	★★★
打箭炉龙胆（*Gentiana tatsienensis* Franch.）	花	一年生草本	★★★
椭圆叶花锚（*Halenia elliptica* D. Don.）	花	一年生草本	★★★
湿生扁蕾 [*Gentianopsis paludosa*（Hook. f.）Ma]	花	一年生草本	★★★★

续表

植物名（拉丁名）	观赏特点	生长类型	观赏指数
喉毛花 [Comastoma pulmonarium (Turcz.) Toyokuni]	花	一年生草本	★★★
黑边假龙胆 [Gentianella azurea (Bunge) Holub]	花	一年生草本	★★★
肋柱花 [Lomatogonium carinthiacum (Wulf.) Reichb.]	花	一年生草本	★★★★
大叶醉鱼草 (Buddleja davidii Franch.)	花、形	灌木	★★★★
微孔草 [Microula sikkimensis (Clarke) Hemsl.]	花	二年生草本	★★★
倒提壶 (Cynoglossum amabile Stapf et Drumm.)	花	多年生草本	★★
假酸浆 [Nicandra physalodes (Linn.) Gaertn.]	花	一年生草本	★★★
山莨菪 [Anisodus tanguticus (Maxim.) Pascher]	花	多年生草本	★★★
曼陀罗 (Datura stramonium Linn.)	花	一年生草本或半灌木	★★★
四川丁香 (Syringa sweginzowii Koehne & Lingelsh.)	花、形	灌木	★★★★
肉果草 (Lancea tibetica Hook. f. et Thoms.)	花	多年生草本	★★★
毛果婆婆纳 (Veronica eriogyne H. Winkl.)	花	一年生或二年生草本	★★★
轮叶马先蒿 (Pedicularis verticillata Linn.)	花	多年生草本	★★★★
甘肃马先蒿 (Pedicularis kansuensis Maxim.)	花	一年或二年生草本	★★★★
阿拉善马先蒿 (Pedicularis alaschanica Maxim.)	花	多年生草本	★★★★
扭旋马先蒿 (Pedicularis torta Maxim.)	花	多年生草本	★★★★★
凸额马先蒿 (Pedicularis cranolopha Maxim.)	花	多年生草本	★★★★
二齿马先蒿 (Pedicularis bidentata Maxim.)	花	一年生草本	★★★★
刺齿马先蒿 (Pedicularis armata Maxim.)	花	多年生草本	★★★
密生波罗花 (Incarvillea compacta Maxim.)	花	多年生草本	★★★★
白苞筋骨草 (Ajuga lupulina Maxim.)	花	多年生草本	★★★
美花圆叶筋骨草 [Ajuga ovalifolia Bur. et Franch. var. calantha (Diels ex Limpricht) C. Y. Wu et C. Chen f. calantha (Diels ex Limpricht) C. Y. Wu et C. Chen]	花	一年生至多年生草本	★★★
独一味 [Lamiophlomis rotata (Benth.) Kudo]	花	多年生草本	★★★
甘西鼠尾草 (Salvia przewalskii Maxim.)	花	多年生草本	★★★
连翘叶黄芩 (Scutellaria hypericifolia Levl.)	花	多年生草本	★★★
密花香薷 (Elsholtzia densa Benth.)	花	多年生草本	★★★
蓝钟花 (Cyananthus hookeri C. B. Cl.)	花	一年生草本	★★★
川党参 (Codonopsis tangshen Oliv.)	花	多年生草质藤本	★★★
脉花党参 [Codonopsis nervosa (Chipp) Nannf.]	花	多年生草本	★★★
薄叶鸡蛋参 [Codonopsis convolvulacea Kurz. var. vinciflora (Kom.) L. T. Shen]	花	多年生草本	★★★
川藏沙参 (Adenophora liliifolioides Pax et Hoffm.)	花	多年生草本	★★★
甘川紫菀 (Aster smithianus Hand. - Mazz.)	花	多年生草本或亚灌木	★★★
长梗紫菀 (Aster dolichopodus Ling)	花	多年生草本	★★★★
小舌紫菀 [Aster albescens (DC.) Hand. - Mazz.]	花	灌木	★★★
野菊 (Chrysanthemum indicum Linnaeus)	花	多年生草本	★★★★
细裂亚菊 (Ajania przewalskii Poljak.)	花	多年生高大草本	★★★
万寿菊 (Tagetes erecta L.)	花	一年生草本	★★★★★
百日菊 (Zinnia elegans Jacq.)	花	一年生草本	★★★★★
华蟹甲 [Sinacalia tangutica (Maxim.) B. Nord.]	花	多年生草本	★★★

植物名（拉丁名）	观赏特点	生长类型	观赏指数
掌叶橐吾 [*Ligularia przewalskii* (Maxim.) Diels]	花	多年生草本	★★★
黄帚橐吾 [*Ligularia virgaurea* (Maxim.) Mattf.]	花	多年生草本	★★★★
戟叶垂头菊 (*Cremanthodium potaninii* C. Winkl.)	花	多年生草本	★★★★
褐毛垂头菊 (*Cremanthodium brunneopiloesum* S. W. Liu)	花	多年生草本	★★★★
橙舌狗舌草 [*Tephroseris rufa* (Hand. -Mazz.) B. Nord.]	花	多年生草本	★★★★
金盏花 (*Calendula officinalis* L.)	花	一年生草本	★★★★★
秋 英 (*Cosmos bipinnata* Cav.)	花	一年生或多年生草本	★★★★★
星状雪兔子 (*Saussurea stella* Maxim.)	花	一年生草本	★★★
川甘火绒草 (*Leontopodium chuii* Hand. -Mazz.)	花	多年生草本	★★★
同色二色香青 [*Anaphalis bicolor* (Franch.) Diels var. *subconcolor* Hand. -Mazz.]	花	多年生草本	★★★
空桶参 [*Soroseris erysimoides* (Hand. -Mazz.) Shih]	花	多年生草本	★★★
藏蒲公英 (*Taraxacum tibetanum* Hand. -Mazz.)	花	多年生草本	★★★★
婆罗门参 (*Tragopogon pratensis* L.)	花	二年生草本	★★★
毛连菜 (*Picris hieracioides* L.)	花	二年生草本	★★★
甘 松 [*Nardostachys jatamansi* (D. Don) DC.]	花	多年生草本	★★★★
匙叶翼首花 [*Pterocephalus hookeri* (C. B. Clarke) Hock.]	花	多年生草本	★★★
岩生忍冬 (*Lonicera rupicola* Hook. f. & Thomson)	花、果	灌木	★★★
毛花忍冬 (*Lonicera trichosantha* Bur. et Franch.)	花、果	灌木	★★★
羌 活 (*Notopterygium incisum* Ting ex H. T. Chang)	花	多年生草本	★★
川滇柴胡 (*Bupleurum candollei* Wall. ex DC.)	花	多年生草本	★★
裂叶独活 (*Heracleum millefolium* Diels)	花	多年生草本	★★★

各　论

川西云杉

Picea likiangensis var. rubescens
Rehder & E. H. Wilson

松科 Pinaceae
云杉属 *Picea*

藏文名：ﾟ｢ང་ﾟ ﾟ   藏文音译名：唐香   别名：西康云杉、水平杉、丽江云杉、丽江杉

【形态特征】乔木，高可达 30 米。树皮深灰色或暗褐灰色，深裂成不规则的厚块片。枝条平展，树冠塔形，小枝常有疏生短柔毛，稀几无毛，一年生枝淡黄色或淡褐黄色，二、三年生枝灰色或微带黄色。球果卵状矩圆形或圆柱形，成熟前种鳞红褐色或黑紫色，熟时褐色、淡红褐色、紫褐色或黑紫色；中部种鳞斜方状卵形或菱状卵形，长 1.5～2.6 厘米，宽 1～1.7 厘米，中部或中下部宽，中上部渐窄或微渐窄；上部成三角形或钝三角形，边缘有细缺齿，稀呈微波状，基部楔形。种子灰褐色，近卵圆形，连同种翅长 0.7～1.4 厘米，种翅倒卵状椭圆形，淡褐色，有光泽，常具疏生的紫色小斑点。

【分布及用途】理县、茂县、金川、小金、黑水、马尔康、壤塘、阿坝、若尔盖、甘孜、康定、丹巴、九龙、雅江、道孚、炉霍、新龙、德格、白玉、色达、理塘、巴塘、乡城、稻城、得荣等市县海拔 3 000～4 100 米的气候较冷棕色森林土区域有分布。为造林树种，树脂、果实及根皮可入药。

【最佳观赏时间】9～10 月。

【推荐观赏指数】★★★

高山柏

Juniperus squamata
Buchanan–Hamilton ex D. Don

柏科 Cupressaceae
圆柏属 *Sabina*

藏文名： སྤ་མ།　藏文音译名：巴玛

别　名：大香桧、岩刺柏、陇桧、鳞桧、山柏、藏柏、香青、刺柏、团香、浪柏、柏香、粉柏

【形态特征】灌木，高 1～3 米，或成匍匐状，树皮褐灰色。枝条斜伸或平展，枝皮暗褐色或微带紫色或黄色，裂成不规则薄片脱落。叶全为刺形，三叶交叉轮生，披针形或窄披针形，基部下延生长，长 5～10 毫米，宽 1～1.3 毫米，先端具急尖或渐尖的刺状尖头，上面稍凹，具白粉带，绿色中脉不明显；下面拱凸具钝纵脊，沿脊有细槽或下部有细槽。雄球花卵圆形，长 3～4 毫米，雄蕊 4～7对。球果卵圆形或近球形，成熟前绿色或黄绿色，熟后黑色或蓝黑色，稍有光泽，无白粉，内有种子1 粒；种子卵圆形或锥状球形，长 4～8 毫米，径 3～7 毫米，有树脂槽，上部常有明显或微明显的2～3 钝纵脊。

【分布及用途】汶川、理县、松潘、九寨沟、金川、黑水、马尔康、若尔盖、康定、泸定、九龙、道孚、德格、白玉、石渠、理塘、乡城、稻城等市县海拔 1 600～4 000 米的亚高山、高山地带有分布。枝叶或球果可入药。

【最佳观赏时间】8～10 月。

【推荐观赏指数】★★★

大果圆柏

Juniperus tibetica Komarov

柏科 Cupressaceae

圆柏属 *Sabina*

藏文名：ཤུག་པ།   藏文音译名：修巴

别名：西藏圆柏、西康圆柏、黄柏、藏桧、西康桧、甘川圆柏

【形态特征】乔木，高可达30米。枝条较密或较疏，树冠绿色、淡黄绿色或灰绿色；树皮灰褐色或淡褐灰色，裂成不规则薄片脱落。鳞叶绿色或黄绿色，稀微被蜡粉，交叉对生，稀三叶交叉轮生，排列较疏或紧密；刺叶常生于幼树上，或在树龄不大的树上与鳞叶并存，三叶交叉轮生，条状披针形，斜展或开展。雌雄异株或同株，雄花近球形，药隔近圆球形。球果卵圆形或近圆球形，成熟前绿色或有黑色小斑点，熟时红褐色、褐色至黑色或紫黑色。

【分布及用途】理县、茂县、松潘、小金、黑水、马尔康、壤塘、红原、康定、道孚、炉霍、甘孜、新龙、德格、白玉、石渠、色达、巴塘、乡城、稻城等市县海拔2 800~4 500米的干旱向阳山坡有分布。造林树种，果和叶可入药。

【最佳观赏时间】6~10月。

【推荐观赏指数】★★★

百合科 Liliaceae
葱属 *Allium*

青甘韭

Allium przewalskianum Regel

藏文名：འཛོམ་ནག   藏文音译名：籽木纳   别名：青甘野韭

【形态特征】多年生草本，植株高 0.2 ~ 0.4 米，具特殊的葱蒜气味。叶数枚，带形、条形、半圆柱状、圆柱状、管状，叶无明显的中脉。花葶常不具纵棱，伞形花序球状或半球状生于花葶的顶端，花淡红色、紫红色、紫色、黑紫色，花被片离生；花丝仅基部合生，花丝比花被长 1/4 以上，子房基部无凹陷的蜜穴。

【分布及用途】茂县、松潘、金川、若尔盖、甘孜、炉霍、石渠、巴塘、乡城等县海拔 1 800 ~ 4 500 米的干旱山坡、石缝、灌丛下或草坡有分布。可作蔬菜和药用。

【最佳观赏时间】6 ~ 8 月。

【推荐观赏指数】★ ★ ★

各论

青甘韭 ∧∧∧∧∧∧∧∧∧∧∧

藏文名：ཤུང་སྐོག། 藏文音译名：袭果 别名：野葱

【形态特征】多年生草本，具特殊的葱蒜气味，植株高 0.2～0.4 米。鳞茎圆柱状，根状茎明显，鳞茎外皮破裂成松散的纤维状或近网状。叶数枚，叶条形，扁平，叶无明显的中脉。花葶常不具纵棱，伞形花序半球状生于花葶的顶端，花紫蓝色或蓝色，花被片钝头，内轮的比外轮的长而宽，仅内轮的边缘具不规则的小齿；花丝比花被片短，子房有的凹陷成蜜穴。

【分布及用途】理县、茂县、松潘、九寨沟、金川、小金、黑水、马尔康、阿坝、若尔盖、红原、甘孜、康定、泸定、丹巴、九龙、雅江、道孚、炉霍、石渠、色达、乡城、稻城等市县海拔 2 400～5 000 米的山坡、草地、林缘或灌丛下有分布。可作烹饪佳肴的佐料和药用。

【最佳观赏时间】7～8 月。

【推荐观赏指数】★★★

各论

高山韭 ∧∧∧∧∧∧∧∧∧∧∧

暗紫贝母

Fritillaria unibracteata Hsiao et K. C. Hsia.

百合科 Liliaceae

贝母属 *Fritillaria*

藏文名：ཨ༠་ཀྱེ　藏文音译名：欧籽　别名：乌花贝母、松贝母

【形态特征】多年生草本，植株高达 0.40 米。鳞茎具 2 枚鳞片，直径 6～8 毫米。茎生叶最下面 2 枚对生，稀互生，上面叶互生或兼对生，线形或线状披针形，长 3.6～5.5 厘米，宽 3～5 毫米，先端不卷曲。花单生，稀 2～5 朵，深紫色，内面黄绿色，无紫斑或顶端具"V"形紫红色带，或具较稀的紫红色斑点和斑块，花被片内面具密集紫红色斑纹；叶状苞片不与下面叶合生，先端不卷曲；花被片长 2.5～2.7 厘米，外花被片近长圆形，宽 6～9 毫米，内花被片倒卵状长圆形，宽 1～1.3 厘米，蜜腺窝不明显突出，花被片有蜜腺处稍弯曲，蜜腺卵形或近圆形，长约 2 毫米，深绿或深黄绿色；花丝具乳突或无；柱头裂片长 1～2 毫米，有时几不裂。蒴果棱具窄翅。

【分布及用途】理县、茂县、松潘、金川、小金、黑水、马尔康、阿坝、若尔盖、红原、甘孜、道孚等市县海拔 3 200～4 500 米的草地上有分布。鳞茎可入药。

【最佳观赏时间】5～6 月。

【推荐观赏指数】★★★

西南萱草

Hemerocallis forrestii Diels

百合科 Liliaceae
萱草属 *Hemerocallis*

藏文名：ཤེ་འལན་ཅེ་ཚོ།　藏文音译名：玛能果扎　别名：金针、黄花菜、忘忧草、宜男草、疗愁、鹿箭

【形态特征】多年生宿根草本，高 0.5～1.0 米。叶基生，狭长。花葶高于叶，上部分枝，有时呈圆锥花序，花 3 至多朵，花梗一般较长，长 8～30 毫米；苞片披针形，长 5～25 毫米，宽 3～4 毫米；花被金黄色或橘黄色，花被漏斗状或钟状，花被管长约 1 厘米，花被裂片 6，外弯，裂片长 5.5～6.5 厘米，内 3 片宽约 1.5 厘米；雄蕊 6，花药背着。

【分布及用途】茂县、理县、马尔康、康定、泸定等市县海拔 2 300～3 200 米的松林下或草坡上有分布。花晒干后供食，根及根茎有毒，可作药用。

【最佳观赏时间】6～7 月。

【推荐观赏指数】★★★★

百合科 Liliaceae
百合属 *Lilium*

岷江百合
Lilium regale Wilson.

藏文名： སྤག་གཙིག་མེ་ཏོག། 藏文音译名：达斯梅朵
别名：王百合、千叶百合、崖半花、喇叭花、夜香花

【形态特征】具鳞茎的多年生草本，高 0.5～1.0 米。鳞茎宽卵圆形，鳞片披针形。茎高约 50 厘米，有小乳头状突起。叶散生，多数，狭条形，宽 2～3 毫米，下面中脉或边缘有乳头状突起，具 1条脉；茎上部叶腋间无珠芽。花 1 至数朵，开放时很香，喇叭形，白色，喉部为黄色，无斑点，花被片先端外弯；外轮花被片披针形，长 9～11 厘米，宽 1.5～2 厘米；内轮花被片倒卵形，先端急尖，下部渐狭，蜜腺两边无乳头状突起；雄蕊上部向上弯，几无乳头状突起，花药椭圆形；子房圆柱形，长约 2.2 厘米，宽约 3 毫米；花柱长 6 厘米，柱头膨大，宽 6 毫米。

【分布及用途】理县、茂县、黑水等县海拔 800～2 500 米的山坡岩石边、河旁有分布。主要用来作观赏，球根含丰富淀粉，可作为蔬菜食用与药用。

【最佳观赏时间】6～7 月。

【推荐观赏指数】★★★★★

各论

岷江百合 ^^^^^^^^^^

宝兴百合
Lilium duchartrei Franch.

百合科 Liliaceae
百合属 *Lilium*

藏文名：ཕུག་གཟིག་མེ་ཏོག།　藏文音译名：达斯梅朵　别名：高原百合

【形态特征】多年生草本，高 0.5～1.5 米。茎有淡紫色条纹。叶散生，披针形或矩圆状披针形，两面无毛，有的边缘有乳头状突起。花单生或数朵排成总状花序或近伞房花序、伞形总状花序；苞片叶状，披针形，花梗长 10～22 厘米；花下垂，有香味，花白色或粉红色，有紫色斑点，花被片反卷，花被片蜜腺两边有乳头状非流苏状突起，花丝长 3.5 厘米，无毛，雄蕊上端常向外张开，雌蕊长为子房的 2 倍或更长，柱头膨大。

【分布及用途】茂县、松潘、九寨沟、金川、小金、黑水、马尔康、康定、泸定、丹巴等市县海拔 2 300～3 500 米的高山草地、林缘或灌木丛中有分布。主要作观赏，球根可作为蔬菜食用与药用。

【最佳观赏时间】6～7 月。

【推荐观赏指数】★★★★

兰科 Orchidaceae
杓兰属 *Cypripedium*

西藏杓兰
Cypripedium tibeticum King ex Rolfe

藏文名：　藏文音译名：壳修巴　别名：维纳斯、女神的拖鞋、大口袋花

【形态特征】多年生草本，高 0.15～0.35 米。茎直立，无毛或上部近节被短柔毛。叶常 3 枚，椭圆形或宽椭圆形，长 8～16 厘米，无毛或疏被微柔毛。花序顶生，具 1 花；花梗和子房无毛或上部偶有短柔毛；花大，俯垂，紫、紫红或暗紫色，常有淡绿黄色斑纹，干后黑紫色；花瓣脉纹明显，唇瓣囊口周围有白色或淡色的圈；中萼片椭圆形或卵状椭圆形，长 3～6 厘米，背面无毛，稀有疏微柔毛，合萼片与中萼片相似，略短而窄，先端 2 浅裂；花瓣披针形或长圆状披针形，长 3.5～6.5 厘米，宽 1.5～2.5 厘米；唇瓣深囊状，长 3.5～6 厘米，近等宽或略窄，常皱缩，囊底有长毛；退化雄蕊卵状长圆形，长 1.5～2 厘米，宽 0.8～1.2 厘米，背面多少有龙骨状突起，近无花丝。

【分布及用途】汶川、茂县、松潘、九寨沟、金川、小金、马尔康、壤塘、若尔盖、红原、甘孜、康定、泸定、雅江、道孚、德格、石渠等市县海拔 2 300～4 200 米的透光林下、林缘、灌木坡地、草坡或乱石地上有分布。具有较高的园艺价值。

【最佳观赏时间】5～8 月。

【推荐观赏指数】★★★★

各论　西藏杓兰 ∧∧∧∧∧∧∧∧∧∧∧

绶 草

Spiranthes sinensis (Pers.) Ames

兰科 Orchidaceae

绶草属 *Spiranthes*

藏文名: བྲི་ཟི་ལག་པ།　**藏文音译名:** 袭介拉巴　**别名:** 盘龙参、龙抱柱、双瑚草、一线香

【形态特征】多年生草本，植株高 0.13～0.30 米。茎近基部生 2～5 枚叶；叶片宽线形或宽线状披针形，极罕为狭长圆形，直立伸展，长 3～10 厘米，常宽 5～10 毫米，先端急尖或渐尖。花茎直立，长 10～25 厘米，上部被腺状柔毛至无毛；花序密生具多数花，长 4～10 厘米，呈螺旋状扭转；花苞片卵状披针形，先端长渐尖，下部的长于子房；子房纺锤形，扭转，被腺状柔毛，连花梗长 4～5 毫米；花小，紫红色、粉红色或白色，在花序轴上呈螺旋状排生；萼片的下部靠合，中萼片狭长圆形，舟状，先端稍尖，与花瓣靠合呈兜状；侧萼片偏斜，披针形，先端稍尖；花瓣斜菱状长圆形，先端钝，与中萼片等长但较薄；唇瓣宽长圆形，凹陷，长 4 毫米，宽 2.5 毫米，先端极钝，前半部上面具长硬毛且边缘具强烈皱波状啮齿，唇瓣基部凹陷呈浅囊状，囊内具 2 枚胼胝体。

【分布及用途】汶川、理县、九寨沟、金川、小金、黑水、马尔康、阿坝、甘孜、康定、泸定、丹巴、九龙、雅江、道孚、稻城等市县海拔 300～3 400 米的山坡林下、灌丛下、草地或河滩沼泽草甸有分布。全草可入药。

【最佳观赏时间】7～8 月。

【推荐观赏指数】★★★

西南手参

Gymnadenia orchidis Lindl.

兰科 Orchidaceae
手参属 *Gymnadenia*

藏文名：བཙན་སྐྱེས་དབང་ལག།　藏文音译名：旺纳　别名：藏三七、佛手参、掌参、手儿参、阴阳参

【形态特征】多年生草本，植株高 0.17～0.35 米。块茎卵状椭圆形，长 1～3 厘米，肉质，下部掌状分裂，裂片细长；地上茎直立，较粗壮，圆柱形，基部具 2～3 枚筒状鞘，其上具 3～5 枚叶，上部具 1 至数枚苞片状小叶。叶片宽短，椭圆形或椭圆状长圆形，宽 2.5～4.5 厘米，先端钝或急尖，基部收狭成抱茎的鞘。总状花序密生多数小花，排列成圆柱状，长 4～14 厘米，花苞片披针形，渐尖或长渐尖，不成尾状，最下面的明显超过花长；花紫红、粉红或白色；中萼片卵形，长 3～5 毫米，顶端钝；侧萼片斜卵形，反折，边缘外卷，较中萼片稍长而宽，顶端钝；花瓣阔卵状三角形，顶端钝，边缘具波状齿，唇瓣阔倒卵形，2～5 毫米，前部 3 裂，中裂片较侧裂片稍大或等大，顶端钝或稍尖，距丝状，内弯，通常长于子房或近等长，顶端常增厚。

【分布及用途】汶川、理县、九寨沟、金川、小金、黑水、马尔康、阿坝、甘孜、康定、泸定、丹巴、九龙、雅江、道孚、稻城等市县海拔 2 800～4 100 米的山坡林下、灌丛下和高山草地有分布。块茎可入药。

【最佳观赏时间】7～9 月。

【推荐观赏指数】★★★

葱状灯心草

Juncus allioides Franch.

灯心科 Juncaceae
灯心草属 *Juncus*

藏文名：ཁྱི་ཤང་དཀར་མོ།　藏文音译名：袭襄嘎木　别名：野席草、龙须草、灯草、水灯心草

【形态特征】多年生草本，高 0.1 ～ 0.55 米。茎稀疏丛生，直立，圆柱形，有纵条纹，绿色，光滑。叶基生和茎生，低处叶鳞片状，褐色；叶片皆圆柱形，稍压扁，具明显横隔；叶鞘边缘膜质；叶耳显著，钝圆。头状花序单一顶生，有 7 ～ 25 朵花。苞片 3 ～ 5 枚，披针形，中脉明显；花具梗和卵形膜质的小苞片；花被片披针形，灰白色至淡黄色，膜质，常具 3 条纵脉，内外轮近等长；雄蕊 6 枚，伸出花外；花药线形，长 2 ～ 4 毫米，淡黄色；花丝长 4 ～ 7 毫米，上部紫黑色，基部红色；雌蕊具较长的花柱；柱头 3 分叉，线形，长约 1.2 毫米。蒴果长卵形，顶端有尖头；种子长圆形，长约 1 毫米，成熟时黄褐色，两端有白色附属物。

【分布及用途】汶川、理县、松潘、小金、马尔康、壤塘、阿坝、若尔盖、红原、康定、泸定、九龙、雅江、道孚、炉霍、甘孜、理塘、乡城、稻城等市县海拔 1 800 ～ 4 700 米的山坡、草地和林下潮湿处有分布。全草可入药。

【最佳观赏时间】 6 ～ 8 月。

【推荐观赏指数】 ★ ★ ★

罂粟科 Papaveraceae
绿绒蒿属 *Meconopsis*

全缘叶绿绒蒿

Meconopsis integrifolia (Maxim.) French.

藏文名:ཀྱུ་ཐུལ་སེར་པོ།　藏文音译名:欧贝赛保　别名:阿拍色鲁、慕琼单圆、黄芙蓉、鹿耳菜

【形态特征】一年生至多年生草本,高达 1.5 米,全体被锈色和金黄色平展或反曲,具多短分枝的长柔毛。茎粗壮,具纵条纹,基生叶莲座状,其间常混生鳞片状叶,叶片倒披针形、倒卵形或近匙形。花通常 4~5 朵,多达 18 朵,生最上部茎生叶腋内,有时也生于下部茎生叶腋内;萼片舟状,外面被毛,里面无毛,具数十条明显的纵脉;花瓣 6~8,近圆形至倒卵形,长 3~7 厘米,宽 3~5 厘米,黄色或稀白色;花丝线形,金黄色或成熟时为褐色,花药卵形至长圆形,橘红色;子房宽椭圆状长圆形,密被金黄色、紧贴、通常具多短分枝的长硬毛,花柱极短,无毛,柱头头状,4~9 裂下延至花柱上。蒴果宽椭圆状长圆形至椭圆形,疏或密被金黄色或褐色具多短分枝的长硬毛。

【分布及用途】理县、茂县、松潘、金川、小金、黑水、马尔康、壤塘、红原、康定、泸定、九龙、雅江、道孚、德格、石渠、色达、乡城、稻城等市县海拔 2 700~5 100 米的草坡、林下有分布。全草可入药。

【最佳观赏时间】5~7 月。

【推荐观赏指数】★★★★★

各论

全缘叶绿绒蒿 ∧∧∧∧∧∧∧∧∧∧∧∧

051

总状绿绒蒿

Meconopsis racemosa Maxim.

罂粟科 Papaveraceae

绿绒蒿属 *Meconopsis*

藏文名：ཚེར་སྔོན་ནད་པ། 藏文音译名：刺儿恩 别名：刺参、条参、鸡脚参、雪参、红毛洋参

【形态特征】一年生草本，高 0.2～0.5 米，全体被黄褐色或淡黄色坚硬而平展的硬刺。茎圆柱形，不分枝，基部盖以光滑、宿存的叶基。花总状花序，生于上部（约 1/3）茎生叶腋内，最上部花无苞片，有时也生于基生叶腋的花葶上；花芽近圆形或卵形，直径约 1 厘米；萼片长圆状卵形；花瓣 5～8，倒卵状长圆形，长 2～3 厘米，宽 1～2 厘米，天蓝色或蓝紫色，无毛；花丝丝状，紫色，花药长圆形，黄色；子房卵形，密被刺毛，花柱圆锥形，具棱，无毛，柱头长圆形。蒴果卵形或长卵形，长 0.5～2 厘米；果梗长 1～15 厘米；宿存花柱长 0.7～1 厘米；种子长圆形，种皮具窗格状网纹。

【分布及用途】茂县、松潘、金川、小金、马尔康、壤塘、阿坝、康定、九龙、雅江、道孚、甘孜、新龙、德格、石渠、色达、乡城、稻城等市县海拔 3 000～4 900 米的草坡、石坡、林下有分布。全草可入药。

【最佳观赏时间】5～8 月。

【推荐观赏指数】★★★★

罂粟科 Papaveraceae
绿绒蒿属 *Meconopsis*

红花绿绒蒿
Meconopsis punicea Maxim.

藏文名：ཀྱུ་ཧྲུལ་དམར་པོ།　藏文音译名：欧巴玛尔波　别名：阿柏几麻鲁

【形态特征】多年生草本，高 0.30～0.75 米，基部盖以宿存的叶基，其上密被淡黄色或棕褐色，具多短分枝的刚毛。叶全部基生，莲座状，叶片倒披针形或狭倒卵形，先端急尖，基部渐狭，下延入叶柄，边缘全缘。花葶 1～6，从莲座叶丛中生出；花单生于基生花葶上，下垂；萼片卵形，外面密被淡黄色或棕褐色，具分枝的刚毛；花瓣 4～6，深红色，花丝条形，先端急尖或圆，长 1～3 厘米，宽 2～2.5 毫米，扁平，粉红色，花药长圆形，长 3～4 毫米，黄色；子房宽长圆形或卵形，长 1～3 厘米。密被淡黄色，具分枝的刚毛，花柱极短，柱头 4～6 圆裂。蒴果椭圆状长圆形，无毛或密被淡黄色，具分枝的刚毛，4～6 瓣自顶端微裂；种子密具乳突。

【分布及用途】理县、松潘、金川、小金、黑水、马尔康、壤塘、若尔盖、红原、康定、道孚、德格、石渠、色达等市县海拔 2 800～4 300 米的林缘、沟边、山坡草地有分布。可供观赏，花茎及果可入药。

【最佳观赏时间】6～8 月。

【推荐观赏指数】★★★★

各
论

红
花
绿
绒
蒿

川西绿绒蒿

Meconopsis henrici Bur. et Franch.

罂粟科 Papaveraceae
绿绒蒿属 *Meconopsis*

藏文名：སྦུག་ཆུང་འབྲིན་ཡོག 　藏文音译名：弥邛德玉 　别名：黄芙蓉、山莴笋

【形态特征】一年生草本，高 0.15～0.20 米。叶全基生，倒披针形或长圆状倒披针形，长 3～8 厘米，先端钝或圆，基部渐窄下延，全缘或波状，具疏齿，两面被黄褐色卷曲硬毛；叶柄线形，长 2～6 厘米。花葶高达 50 厘米，被黄褐色平展反曲或卷曲硬毛，花单生花葶；萼片边缘膜质，被黄褐色卷曲硬毛；花瓣 5～9，卵形或倒卵形，长 4～5 厘米，深蓝紫或紫色；花丝上部丝状，中下部线形，长约 1.5 厘米；子房密被黄褐色平伏硬毛，柱头裂片分离或连成棒状。果椭圆状长圆形或窄倒卵圆形，长约 2 厘米，疏被硬毛，顶端 4～6 微裂；种子镰状长圆形，具纵纹或浅凹痕。

【分布及用途】理县、松潘、小金、黑水、马尔康、康定、雅江、德格等市县海拔 3 200～4 500 米的高山草地有分布。全草可入药。

【最佳观赏时间】6～8 月。

【推荐观赏指数】★★★★

罂粟科 Papaveraceae
罂粟属 *Papaver*

虞美人
Papaver rhoeas L.

藏文名：ཀྱུ་མེན། 藏文音译名：加曼 别名：丽春花、赛牡丹、满园春、仙女蒿、虞美人草、舞草

【形态特征】一年生草本，高 0.25 ~ 0.90 米，全体被伸展的刚毛，稀无毛。茎直立，具分枝。叶互生，叶片轮廓披针形或狭卵形，叶脉在背面突起，在表面略凹；下部叶具柄，上部叶无柄。花单生于茎和分枝顶端；花梗长 10 ~ 15 厘米。花蕾长圆状倒卵形，下垂；萼片 2，宽椭圆形，绿色；花瓣 4，紫红色，基部通常具深紫色斑点，圆形、横向宽椭圆形或宽倒卵形，长 2.5 ~ 4.5 厘米，全缘，稀圆齿状或顶端缺刻状；雄蕊多数，花丝丝状，深紫红色，花药长圆形，黄色；子房倒卵形，无毛，柱头 5 ~ 18，辐射状，连合成扁平、边缘圆齿状的盘状体。蒴果宽倒卵形，无毛，具不明显的肋；种子多数，肾状长圆形。

【分布及用途】理县、茂县、松潘、金川、小金、黑水、马尔康、壤塘、阿坝、若尔盖、红原、康定、泸定、九龙、雅江、道孚、甘孜、德格、石渠、色达、理塘、乡城、稻城、得荣等市县海拔 500 ~ 3 500 米的林下、林缘、山坡草地、草坪或房屋前后有分布。原产欧洲，外来引种。全草可入药。

【最佳观赏时间】5 ~ 8 月。

【推荐观赏指数】★★★★★

各论

虞美人 ^^^^^^^^^^^

细果角茴香

Hypecoum leptocarpum Hook. f. et Thoms

罂粟科 **Papaveraceae**

角茴香属 *Hypecoum*

藏文名：པར་པ་ད། 藏文音译名：巴尔巴达

别名：角苗香、咽喉草、麦黄草、黄花草、雪里青、秦根花

【形态特征】一年生草本，略被白粉，高 0.04～0.60 米。茎丛生，铺散而先端向上，多分枝。基生叶多数，蓝绿色，叶片狭倒披针形；茎生叶同基生叶，但较小，具短柄或近无柄。花茎多数，苞叶轮生，卵形或倒卵形；花小，排列成二歧聚伞花序，花直径 5～8 毫米，花梗细长；萼片卵形或卵状披针形，绿色，边缘膜质，全缘；花瓣淡紫色，外面 2 枚宽倒卵形，长 0.5～1 厘米，宽 4～7 毫米，先端绿色、全缘、近革质，里面 2 枚较小，3 裂几达基部，中裂片匙状圆形，具短柄或无柄，边缘内弯，近全缘，侧裂片较长，长卵形或宽披针形，先端钝且近全缘；花丝丝状，黄褐色，扁平，基部扩大，花药卵形，黄色；子房圆柱形，花柱短，柱头 2 裂，裂片外弯。蒴果直立，圆柱形，长 3～4 厘米，两侧压扁；种子扁平，宽倒卵形。

【分布及用途】汶川、理县、松潘、马尔康、壤塘、阿坝、若尔盖、甘孜、康定、泸定、丹巴、炉霍、德格、石渠、色达、巴塘、乡城、稻城等市县海拔 1 700～5 000 米的山坡、草地、山谷、河滩、砾石坡、砂质地有分布。全草可入药。

【最佳观赏时间】6～8 月。

【推荐观赏指数】★★★

细果角茴香

∧∧∧∧∧∧∧∧

钩距黄堇

Corydalis hamata Franch.

罂粟科 Papaveraceae
紫堇属 *Corydalis*

藏文名：ཝོང་རེ་ཤིལ་པ། 　藏文音译名：当日丝哇　别名：都拉色布、都力色布

【形态特征】多年生丛生草本，高 0.1～0.3 米。茎发自基生叶腋，常扭曲，上部具叶，不分枝或分枝。基生叶多数，叶柄约与叶片等长，基部鞘状宽展，具膜质边缘；叶片长圆形，二回羽状全裂；茎生叶与基生叶同形，具短柄至无柄。总状花序不分枝或少分枝，多花、密集，花常俯垂；苞片倒卵形或披针形，全缘，有时下部的叶状，多少分裂；花梗约与苞片等长；萼片宽卵形，深褐色，稍厚，具不规则锐齿或缺刻；花黄褐色或污黄色，上花瓣长 1.5～2.2 厘米，顶端近圆钝，顶端稍后具全缘的鸡冠状突起，不伸出顶端，距圆筒形，约与瓣片等长，自中部钩状弯曲，末端稍增粗；蜜腺约贯穿距长的 1/2，下花瓣较宽展，稍向前伸出；雄蕊束披针形，具中肋；柱头扁四方形，常具 8 乳。蒴果披针形，具 2 列种子；种子具小突起。

【分布及用途】理县、茂县、松潘、金川、小金、黑水、马尔康、壤塘、甘孜、康定、泸定、九龙、雅江、道孚、德格、石渠、色达、乡城、稻城、得荣等市县海拔 3 400～4 200 米的多石路边、溪边有分布。全草可入药。

【最佳观赏时间】4～6 月。

【推荐观赏指数】★★★★

罂粟科 Papaveraceae
紫堇属 *Corydalis*

条裂黄堇
Corydalis linarioides Maxim.

藏文名：རྒྱ་ཁྲུག་ཟིལ་པ། 藏文音译名：贾大丝哇 别名：铜棒锤、铜锤紫堇

【形态特征】多年生直立草本，高 0.25～0.50 米。茎 2～5 条，通常不分枝，上部具叶。基生叶少数，叶柄长达 14 厘米，背面具白粉；茎生叶通常 2～3 枚，互生于茎上部，无柄，全缘，背面明显具 3 条纵脉。总状花序顶生，多花；萼片鳞片状，边缘撕裂状；花瓣黄色，上花瓣长 1.6～1.9 厘米，花瓣片舟状卵形，背部鸡冠状突起高约 2 毫米，自花瓣片先端稍后开始，延伸至距，距圆筒形，下花瓣倒卵形，长 0.9～1.0 厘米，背部鸡冠状突起较上花瓣的小，内花瓣提琴形，长 7～8 毫米，爪与花瓣片近等长；雄蕊束长 6～7 毫米，蜜腺体贯穿距的 1/2；子房狭椭圆状线形，柱头上端具 2 乳突。蒴果长圆形，长约 1.2 厘米，粗约 2 毫米，成熟时自果梗基部反折；种子 5～6 枚，排成 1 列，近圆形，黑色，具光泽。

【分布及用途】理县、金川、小金、黑水、马尔康、壤塘、甘孜、康定、泸定、九龙、雅江、道孚、德格等市县海拔 2 100～4 700 米的林下、林缘、灌丛下、草坡、石缝中有分布。全草可入药。

【最佳观赏时间】6～8 月。

【推荐观赏指数】★★★★

鲜黄小檗

Berberis diaphana Maxim.

小檗科 Berberidaceae

小檗属 *Berberis*

藏文名： སེར་དཀརཔ།　藏文音译名：吉尔嘎　别名：黄檗、三颗针、黄花刺

【形态特征】灌木，高 0.3～1.5 米。幼枝绿色，老枝灰色，具条棱和疣点；茎刺三分叉，粗壮，淡黄色。叶坚纸质，长圆形或倒卵状长圆形，先端微钝，基部楔形，边缘具刺齿，上面暗绿色，侧脉和网脉突起，背面淡绿色，有时微被白粉；具短柄。花 2～5 朵簇生，偶有单生，黄色；花梗长 12～22 毫米；萼片 2 轮，外萼片近卵形，长约 8 毫米，宽约 5.5 毫米，内萼片椭圆形，长约 9 毫米，宽约 6 毫米；花瓣卵状椭圆形，长 6～7 毫米，宽 5～5.5 毫米，先端急尖，锐裂，基部缢缩呈爪；雄蕊长约 4.5 毫米，药隔先端平截；胚珠 6～10 枚。浆果红色，卵状长圆形，先端略斜弯，有时略被白粉，具明显宿存花柱。

【分布及用途】汶川、理县、马尔康、红原、若尔盖、松潘、康定、泸定、道孚、乡城、稻城等市县地海拔 1 600～3 600 米的草甸、林缘、坡地、灌丛中及云杉林下有分布。根可入药。

【最佳观赏时间】5～8 月。

【推荐观赏指数】★★★

鲜黄小檗 ＾＾＾＾＾＾＾＾

桃儿七

Sinopodophyllum hexandrum (Royle) Ying

小檗科 Berberidaceae
桃儿七属 *Sinopodophyllum*

藏文名：འོལ་མོ་སེ།　　藏文音译名：奥莫色

别名：奥莫色、鸡素苔、铜筷子、小叶莲、鬼打死、鬼白、羊蒿爪

【形态特征】灌木，高 0.3～0.5 米。茎直立，单生，具纵棱，无毛，基部被褐色大鳞片。叶薄纸质，非盾状，基部心形，上面无毛，背面被柔毛，边缘具粗锯齿；叶柄具纵棱，无毛。花大，单生，先叶开放，两性，整齐，粉红色；萼片 6，早萎；花瓣 6，倒卵形或倒卵状长圆形，长 2.5～3.5 厘米，宽 1.5～1.8 厘米，先端略呈波状；雄蕊 6，长约 1.5 厘米，花丝较花药稍短，花药线形，纵裂，先端圆钝，药隔不延伸；雌蕊 1，长约 1.2 厘米，子房椭圆形，1 室，侧膜胎座，含多数胚珠，花柱短，柱头头状。浆果卵圆形，长 4～7 厘米，直径 2.5～4 厘米，熟时橘红色；种子卵状三角形，红褐色，无肉质假种皮。

【分布及用途】汶川、理县、茂县、松潘、金川、小金、黑水、马尔康、壤塘、阿坝、红原、康定、九龙、雅江、道孚、巴塘、乡城、稻城、得荣等市县海拔 2 000～3 000 米的山地针叶林下有分布。果、根及根茎均可入药。

【最佳观赏时间】5～7 月。

【推荐观赏指数】★★★★

川赤芍

毛茛科 Ranunculaceae
芍药属 *Paeonia*

Paeonia anomala subsp. veitchii (Lynch)
D. Y. Hong & K. Y.Pan

藏文名：ར་དུག་དམར་པོ　藏文音译名：热杜玛保　别名：赤芍、山芍药、红芍

【形态特征】多年生草本，高 0.8～1.3 米。茎高 30～80 厘米，无毛。叶为二回三出复叶，叶片轮廓宽卵形，长 7.5～20 厘米；小叶成羽状分裂，裂片窄披针形至披针形，全缘，表面深绿色，背面淡绿色，无毛。花 2～4 朵，生茎顶端及叶腋，有时仅顶端一朵开放；苞片 2～3，分裂或不裂，披针形，大小不等；萼片 4，宽卵形；花瓣 6～9，倒卵形，长 3～4 厘米，宽 1.5～3 厘米，紫红色或粉红色。

【分布及用途】汶川、理县、茂县、松潘、九寨沟、金川、小金、黑水、马尔康、壤塘、阿坝、若尔盖、红原、甘孜、康定、泸定、九龙、雅江、道孚、炉霍、德格、色达等市县海拔 2 550～3 700 米的山坡、林下、草丛及路旁有分布。根可药用。

【最佳观赏时间】5～6 月。

【推荐观赏指数】★ ★ ★ ★ ★

露蕊乌头
Aconitum gymnandrum Maxim.

毛茛科 Ranunculaceae
乌头属 *Aconitum*

藏文名：འཛིན་པ་རྣ་ཐག | 藏文音译名：贞巴达扎　别名：泽兰、罗贴巴、孩儿菊

【形态特征】多年生草本，高 0.2～0.5 米。茎被疏或密的短柔毛，等距地生叶，常分枝。基生叶，与最下部茎生叶通常在开花时枯萎；叶片宽卵形或三角状卵形，三全裂，表面疏被短伏毛，背面沿脉疏被长柔毛或变无毛。总状花序有 6～16 花；花梗长 1～9 厘米；小苞片生花梗上部或顶部，叶状至线形，长 0.5～1.5 厘米；萼片蓝紫色，少有白色，外面疏被柔毛，有较长爪，上萼片船形，高约 1.8 厘米，爪长约 1.4 厘米，侧萼片长 1.5～1.8 厘米，瓣片与爪近等长；花瓣的瓣片宽 6～8 毫米，疏被缘毛，距短，头状，疏被短毛；花丝疏被短毛；心皮 6～13，子房有柔毛。蓇葖果长 0.8～1.2 厘米，种子倒卵球形，长约 1.5 毫米，密生横狭翅。

【分布及用途】理县、茂县、松潘、九寨沟、金川、小金、黑水、马尔康、壤塘、阿坝、若尔盖、红原、康定、丹巴、雅江、道孚、炉霍、甘孜、德格、白玉、石渠、色达、理塘、巴塘、乡城、稻城等市县海拔 1 500～4 000 米的山地草坡、田边、草地、河边沙地有分布。全草可入药。

【最佳观赏时间】6～8 月。

【推荐观赏指数】★★★

草玉梅

Anemone rivularis Buch.–Ham.

毛茛科 Ranunculaceae

银莲花属 *Anemone*

藏文名：ৠৄয়ৢয়৾৻৻৻৻ 藏文音译名：苏嘎 别名：虎掌草、白花舌头草、汉虎掌、见风黄、五倍叶

【形态特征】多年生草本，高 0.35～0.65 米。基生叶 3～5，具长柄；叶心状五角形，长 2.5～7.5 厘米，宽达 14 厘米，3 全裂，中裂片宽菱形或菱状卵形，3 深裂，具小齿，侧裂片斜扇形，不等 2 深裂，两面被糙伏毛。花葶 1～3；聚伞花序 1～3 回分枝；苞片 3，具短柄，宽菱形，3 裂近基部，一回裂片稍细裂；花径 1.2～3 厘米。萼片 6～10，白色，倒卵形，长 0.6～1.4 厘米，宽 0.4～1 厘米，先端密被柔毛；花丝丝状，花药长圆形；心皮无毛，花柱钩曲。

【分布及用途】汶川、理县、茂县、松潘、金川、小金、黑水、马尔康、壤塘、阿坝、若尔盖、红原、康定、泸定、丹巴、九龙、雅江、道孚、炉霍、甘孜、德格、白玉、石渠、巴塘、乡城、稻城、得荣等市县海拔 2 700～4 600 米的山地草坡、溪边、湖边有分布。根状茎可入药。

【最佳观赏时间】5～8 月。

【推荐观赏指数】★★★

毛茛科 Ranunculaceae
银莲花属 *Anemone*

大火草

Anemone tomentosa (Maxim.) Pei

藏文名：ད་ནོ་ཚལ།　别名：野棉花、白头翁、山棉花、大头翁

【形态特征】多年生草本，植株高达 1.5 米。根茎直径 0.5～1.8 厘米。基生叶 3～4，具长柄，三出复叶，有时 1～2 叶；小叶卵形或三角状卵形，长 9～16 厘米，基部浅心形，3 浅裂至 3 深裂，具不规则小裂片及小齿，下面密被绒毛。花葶与叶柄均被绒毛；聚伞花序长达 38 厘米，2～3 回分枝；苞片 3，似基生叶，具柄，3 深裂，有时为单叶；萼片 5，淡粉红或白色，长 1.5～2.2 厘米；雄蕊多数；心皮 400～500，密被绒毛。瘦果长 3 毫米，具细柄，被绵毛。

【分布及用途】汶川、理县、茂县、松潘、九寨沟、金川、小金、黑水、马尔康、康定、泸定、丹巴、雅江、道孚等市县海拔 700～3 400 米的山地草坡、路边有分布。园林植物，种子可榨油，种子毛可作填充物，茎含纤维脱胶后可搓绳，根状茎入药。

【最佳观赏时间】7～10 月。

【推荐观赏指数】★★★★★

展毛银莲花

Anemone demissa Hook.f. & Thomson

毛茛科 Ranunculaceae

银莲花属 *Anemone*

藏文名：སྒྲབ་ཚོན། 藏文音译名：索恩 别名：垂枝莲

【形态特征】多年生草本，高 0.25～0.5 米。基生叶有长柄，叶片卵形，基部心形，三全裂，中全裂片菱状宽卵形，基部宽楔形，表面变无毛，背面有稍密的长柔毛；叶柄与花葶都有开展的长柔毛，基部有狭鞘。花葶 1～3；苞片 3，无柄，长 1.2～2.4 厘米，三深裂，裂片线形，有长柔毛；伞辐 1～5，长 1.5～8.5 厘米，有柔毛；萼片 5～6，蓝色或紫色，偶尔白色，倒卵形或椭圆状倒卵形，长 1～1.8 厘米，宽 0.5～1.2 厘米，外面有疏柔毛；雄蕊长 2.5～5 毫米；心皮无毛。

【分布及用途】理县、茂县、松潘、金川、小金、黑水、马尔康、阿坝、若尔盖、红原、甘孜、康定、泸定、丹巴、九龙、雅江、道孚、新龙、德格、白玉、理塘、巴塘、乡城、稻城等市县海拔 3 200～4 600 米的山地草坡、疏林中有分布。瘦果可治牲畜疥癣。

【最佳观赏时间】6～7 月。

【推荐观赏指数】★★★

各论

水毛茛

Batrachium bungei (Steud.) L. Liou

毛茛科 Ranunculaceae
水毛茛属 *Batrachium*

藏文名：ཆུ་ཚ་རིགས་གཅིག 别名：水堇、水毛茛、胡椒菜、野芹菜、小水杨

【形态特征】沉水草本，高 0.1～0.3 米。茎无毛或在节上有疏毛。叶有短或长柄；叶片轮廓近半圆形或扇状半圆形，在水外通常收拢或近叉开，无毛或近无毛；叶柄基部有宽或狭鞘，通常多少有短伏毛。花直径 1～2 厘米；花梗长 2～5 厘米，无毛；萼片反折，卵状椭圆形，长 2.5～4 毫米，边缘膜质，无毛；花瓣白色，基部黄色，倒卵形，长 5～9 毫米；雄蕊 10 余枚，花药长 0.6～1 毫米；花托有毛。聚合果卵球形，直径约 3.5 毫米；瘦果 20～40，斜狭倒卵形，长 1.2～2 毫米，有横皱纹。

【分布及用途】松潘、九寨沟、马尔康、阿坝、若尔盖、红原、甘孜、九龙、白玉、理塘、巴塘、稻城等市县海拔 3 000 米左右的山谷溪流、河滩积水地、湖泊和水塘中有分布。全草可入药。

【最佳观赏时间】6～8 月。

【推荐观赏指数】★★★

各论

水毛茛

花葶驴蹄草

Caltha scaposa Hook. f. et Thoms.

毛茛科 Ranunculaceae
驴蹄草属 *Caltha*

藏文名：ད་མིག་ཆེ་བ།   藏文音译名：达米   别名：多莲驴蹄草、紫宛

【形态特征】多年生草本，高 0.18～0.24 米，全株无毛。具多数肉质须根。茎单一或数条，有时多达 10 条，直立或渐升，无叶或上部生 1～2 叶，叶腋无花或具 1 花。基生叶 3～10，具长柄；叶心状卵形或三角状卵形，稀肾形，长 1～4 厘米，宽 1.2～3.5 厘米，基部深心形，全缘或波状，有时疏生小牙齿。花常单生茎端；有时 2 花成单歧聚伞花序。萼片 5～7，黄色，倒卵形、椭圆形或卵形，长 0.9～1.9 厘米；雄蕊长 3.5～10 毫米。蓇葖果长 1～1.6 厘米，径 2.5～3 毫米，具横脉；心皮柄长 1.8～3 毫米。

【分布及用途】松潘、金川、小金、马尔康、壤塘、阿坝、若尔盖、红原、康定、泸定、九龙、雅江、道孚、炉霍、甘孜、德格、白玉、巴塘、乡城、稻城等市县海拔 2 800～4 100 米的高山湿草甸、山谷沟边湿草地有分布。全草入药。

【最佳观赏时间】6～9 月。

【推荐观赏指数】★★★★

毛茛科 Ranunculaceae
铁线莲属 *Clematis*

甘青铁线莲

Clematis tangutica (Maxim.) Korsh.

藏文名：དབྱི་མོང་ནག་པོ། 藏文音译名：叶芒那布 别名：木通、亦蒙

【形态特征】藤本，高 0.5～1.0 米。茎攀缘圆柱形，表面棕黑色或暗红色，有明显的 6 条纵纹，羽状复叶，小叶片纸质，卵圆形或卵状披针形，顶端渐尖或钝尖，基部常圆形，边缘全缘，有淡黄色开展的睫毛，小叶柄常扭曲。花单生，有时为单聚伞花序，有 3 花，腋生；花序梗粗壮，长 4.5～20 厘米，有柔毛；萼片 4，黄色，斜上展，狭卵形或椭圆状长圆形，长 1.5～3.5 厘米，顶端渐尖或急尖，外面边缘有短绒毛，中间被柔毛，内面无毛，或近无毛；花丝下面稍扁平，被开展的柔毛，花药无毛；子房密生柔毛。

【分布及用途】理县、松潘、金川、小金、黑水、马尔康、壤塘、若尔盖、红原、康定、丹巴、雅江、道孚、甘孜、新龙、德格、白玉、石渠、稻城等市县海拔 500～1 000 米的山坡杂草丛中及灌丛有分布。全株或茎叶可入药。

【最佳观赏时间】6～9 月。

【推荐观赏指数】★★★★

各论
甘青铁线莲 ︿︿︿︿︿︿︿︿︿︿︿︿

甘川铁线莲

Clematis akebioides (Maxim.) Hort. ex Veitch

毛茛科 Ranunculaceae
铁线莲属 *Clematis*

藏文名：འབྲི་མོང་ནག་པོ། 藏文音译名：叶芒那布 别名：依蒙那布、美美隆、勒每雷、阿母辛败

【形态特征】藤本，高 0.5～1.0 米，枝疏被柔毛。1～2 回羽状复叶；小叶薄革质，卵形、椭圆或长圆形，长 1.2～4 厘米，先端钝或微尖，基部宽楔形或圆，具浅钝齿，不裂或 2～3 浅裂，两面无毛或下面疏被毛，被白粉；叶柄长 3～7.8 厘米。花序腋生，1～3 花，花序梗长 0.2～3 厘米；苞片似小叶；花梗长 2.5～7 厘米；萼片 4，淡绿黄色，有时带紫色，窄卵形，长 1.6～2.7 厘米，两面无毛，边缘被绒毛；花丝被柔毛，花药窄长圆形，长 2～3 毫米，无毛。瘦果倒卵圆形，长约 3 毫米，被毛；宿存花柱长约 3 厘米，羽毛状。

【分布及用途】汶川、理县、茂县、松潘、九寨沟、金川、小金、黑水、马尔康、壤塘、阿坝、若尔盖、红原、康定、丹巴、九龙、道孚、炉霍、新龙、白玉、色达、理塘、巴塘、乡城、稻城等市县海拔 2 000～3 200 米的草地、灌丛、河边有分布。根可入药。

【最佳观赏时间】7～9 月。

【推荐观赏指数】★★★★

毛茛科 Ranunculaceae
翠雀属 *Delphinium*

康定翠雀花

Delphinium tatsienense Franch.

藏文名：ཆུ་རྐང་དམར། 　藏文音译名：恰刚巴

别名：小草乌、猫眼花、鸡爪乌、百部草、飞燕草、鸽子花、鹦哥草、玉珠色洼

【形态特征】多年生草本，高 0.3 ～ 0.5 米。茎细而直，等距地生叶，基生叶在开花时常枯萎，叶片五角形或近圆形，背面疏被长柔毛；茎中部叶渐变小。总状花序有 3 ～ 12 花，由于全部或上部的花梗密集而呈伞房状；苞片线形；花梗长 3 ～ 7.5 厘米，密被反曲的白色短柔毛，常混生开展的腺毛；小苞片生于花梗中部上下，钻形，长 3 ～ 3.5 毫米；萼片深紫蓝色，椭圆状倒卵形或宽椭圆形，长 1 ～ 1.2 厘米，外面被短柔毛，内面无毛，距钻形，长 2 ～ 2.5 厘米；花瓣蓝色，无毛，顶端圆形；退化雄蕊蓝色，瓣片宽倒卵形；花丝疏被短毛或无毛；心皮 3，子房密被短柔毛。

【分布及用途】汶川、理县、茂县、松潘、金川、小金、黑水、马尔康、红原、若尔盖、阿坝、康定、泸定、九龙、雅江、道孚、白玉、理塘、稻城等市县海拔 2 300 ～ 3 250 米的山地草坡、灌丛有分布。全草或根可入药。

【最佳观赏时间】7 ～ 9 月。

【推荐观赏指数】★★★★★

长茎毛茛

Ranunculus nephelogenes var. longicaulis
(Trautvetter) W. T.Wang

毛茛科 Ranunculaceae
毛茛属 *Ranunculus*

藏文名：ཇེ་ཚ།　藏文音译名：杰察

【形态特征】多年生草本，高 0.2~0.35 米。茎直立，高 20~30 厘米，无毛或生细毛。基生叶多数；叶片长椭圆形至线状披针形，全缘；叶柄长 2~8 厘米，全缘，多不分裂，基部成膜质宽鞘抱茎，无毛或边缘有柔毛。花单生于茎顶和分枝顶端，直径约 1 厘米；花梗伸长，贴生黄柔毛；萼片卵形，长约 4 毫米，带紫色，外面密生短柔毛；花瓣 5，倒卵形至卵圆形，基部有短爪，蜜槽呈点状袋穴；花托短圆锥形，生细毛。聚合果卵球形，直径约 6 毫米；瘦果卵球形，稍扁，无毛，背腹有纵肋，喙直伸或外弯。

【分布及用途】红原、若尔盖、马尔康、阿坝等市县海拔 1 800~2 600 米的沼泽草地有分布，全株可入药。

【最佳观赏时间】6~8 月。

【推荐观赏指数】★★★★

毛茛科 Ranunculaceae

毛茛属 *Ranunculus*

高原毛茛

Ranunculus tanguticus (Maxim.) Ovcz.

藏文名：ཇཡ་ཚེར།　藏文音译名：杰察　别名：毛建草、鹤膝草、老虎草、一包针

【形态特征】多年生草本，高 0.15～0.3 米。茎直立或斜升，多分枝，生白柔毛。基生叶多数，和下部叶均有生柔毛的长叶柄；叶片圆肾形或倒卵形，顶端稍尖，两面或下面贴生白柔毛；小叶柄短或近无。花较多，单生于茎顶和分枝顶端，直径 8～18 毫米；花梗被白柔毛，在果期伸长；萼片椭圆形，长 3～6 毫米，生柔毛；花瓣 5，倒卵圆形，长 5～8 毫米，基部有窄长爪，蜜槽点状；花托圆柱形，长 5～7 毫米，宽 1.5～2.5 毫米，较平滑，常生细毛。聚合果长圆形，长 6～8 毫米；瘦果小而多，卵球形，较扁，长 1.2～1.5 毫米，无毛，喙直伸或稍弯，长 0.5～1 毫米。

【分布及用途】汶川、理县、松潘、金川、小金、黑水、马尔康、阿坝、若尔盖、红原、康定、泸定、九龙、雅江、道孚、炉霍、甘孜、新龙、德格、白玉、石渠、理塘、巴塘、乡城、稻城等市县海拔 3 000～4 500 米的山坡、沼泽湿地有分布。全草可入药。

【最佳观赏时间】6～8 月。

【推荐观赏指数】★★★★

钩柱唐松草

Thalictrum uncatum Maxim.

毛茛科 Ranunculaceae

唐松草属 *Thalictrum*

藏文名： ཙོ་ལལ་གས་ཀྲུ　藏文音译名：赛宝叉岗　别名：弩箭药

【形态特征】多年生草本，高 0.45～0.9 米，植株无毛。茎下部叶具长柄，4～5 回三出复叶；小叶草质，楔状倒卵形或宽菱形，长 0.9～1.3 厘米，3 浅裂，脉近平；叶柄长约 7 厘米。圆锥花序窄长；花梗长 2～4 毫米；萼片 4，脱落，淡紫色，椭圆形，长 3 毫米；雄蕊约 10，花丝上部窄条形，下部丝状；花药窄长圆形；心皮 6～12，花柱向腹面弯曲。瘦果扁平，半月形，长 4～5 毫米，心皮柄长 1～2 毫米，宿存花柱长 2 毫米，顶端钩状。

【分布及用途】汶川、理县、松潘、九寨沟、小金、黑水、马尔康、阿坝、若尔盖、康定、雅江、道孚、炉霍、理塘、乡城、稻城等市县海拔 2 700～3 200 米山地草坡、灌丛边有分布。根及根茎可入药。

【最佳观赏时间】5～7 月。

【推荐观赏指数】★★★

矮金莲花

Trollius farreri Stapf

毛茛科 Ranunculaceae
金莲花属 *Trollius*

藏文名: ཆུ་བོང་སེར། 藏文音译名: 崩赛 别名: 五金草、一枝花、梅多赛尔庆、美多赛尔庆

【形态特征】多年生草本，高 0.3～0.4 米。植株全部无毛，茎不分枝。叶基生或近基生，有长柄；叶片五角形，基部心形，叶柄基部具宽鞘。花单独顶生，直径 1.8～3.4 厘米；萼片 5～6，黄色，外面常带暗紫色，宽倒卵形，长 1～1.5 厘米，宽 0.9～1.5 厘米，顶端圆形或近截形，宿存，偶尔脱落；花瓣匙状线形，长约 5 毫米，宽 0.5～0.8 毫米，顶端稍变宽，圆形；雄蕊长约 7 毫米；心皮 6～25。聚合果直径约 8 毫米；菁葖果长 0.9～1.2 厘米，喙直，长约 2 毫米；种子椭圆球形，长约 1 毫米，具 4 条不明显纵棱，黑褐色，有光泽。

【分布及用途】松潘、金川、马尔康、壤塘、若尔盖、红原、康定、泸定、九龙、道孚、德格、石渠、色达、乡城、稻城等市县海拔 3 500～4 700 米的山地草坡有分布。全草可入药。

【最佳观赏时间】6～7 月。

【推荐观赏指数】★★★★

虎耳草科 Saxifragaceae

虎耳草属 *Saxifraga*

黑蕊虎耳草

Saxifraga melanocentra Franch.

藏文名：འོད་ཕྲུན་དཀར་པོ།　　藏文音译名：娥丹嘎波　　别名：黑心虎耳草、针色达奥

【形态特征】多年生草本，高达 25~35 厘米。叶均基生，卵形、菱状卵形、宽卵形、窄卵形或长圆形，长 0.8~4 厘米，先端急尖或稍钝，边缘具圆齿状锯齿和腺睫毛，或无毛，基部楔形，稀心形，两面疏生柔毛或无毛；叶柄长 0.7~3.6 厘米，疏生柔毛。花葶被卷曲腺柔毛；聚伞花序伞房状，长 1.5~8.5 厘米，具 2~17 花，稀花单生。萼片花期开展或反曲，三角状卵形或窄卵形，长 2.9~6.5 毫米，先端钝或渐尖，无毛或疏生柔毛，3~8 脉先端会合成疣点；花瓣白色，稀红或紫红色，基部具 2 黄色斑点，或基部红至紫红色，宽卵形、卵形或椭圆形，长 3~6.1 毫米，先端钝或微凹，基部窄缩成长 0.5~1 毫米之爪，3~14 脉；花药黑色，花丝钻形，花盘环形；子房宽卵圆形。

【分布及用途】汶川、松潘、金川、小金、马尔康、红原、若尔盖、康定、泸定、九龙、雅江、石渠、色达、甘孜、巴塘、乡城、稻城等市县海拔 3 000~5 300 米的高山灌丛、草甸、石隙有分布。花和枝叶可入药。

【最佳观赏时间】7~9 月。

【推荐观赏指数】★★★★

山地虎耳草

Saxifraga sinomontana J. T. Pan & Gornall

虎耳草科 Saxifragaceae
虎耳草属 *Saxifraga*

藏文名：ཤུམ་ཏིག་ཆུང་བ། 　藏文音译名：松蒂琼瓦　别名：塞仁交木

【形态特征】多年生草本，丛生，高达 0.35 米。茎疏生褐色卷曲柔毛。基生叶椭圆形、长圆形或线状长圆形，长 0.5～3.4 厘米，先端钝或急尖，无毛，叶柄长 0.7～4.5 厘米，边缘具褐色卷曲长柔毛；茎生叶披针形或线形，长 0.9～2.5 厘米，两面无毛，或下面和边缘疏生褐色长柔毛，下部者柄长 0.3～2 厘米，上部者无柄。聚伞花序具 2～8 花，稀花单生；花梗被褐色卷曲柔毛；萼片花期直立，近卵形或近椭圆形，长 3.8～5 毫米，先端钝圆，内面无毛，外面有时疏生柔毛，边缘具褐色卷曲长柔毛，5～8 脉先端不会合；花瓣黄色，倒卵形、椭圆形、长圆形、提琴形或窄倒卵形，长 0.8～1.3 厘米，先端钝或急尖，基部窄缩成长 0.2～0.9 毫米之爪，无毛，具 5～15 脉，具 2 痂体；花丝钻形；子房近上位。

【分布及用途】汶川、松潘、金川、小金、马尔康、阿坝、若尔盖、红原、康定、泸定、九龙、雅江、道孚、甘孜、德格、白玉、石渠、色达、理塘、巴塘、乡城、稻城等市县海拔 2 700～5 300 米的高山灌丛、草甸、沼泽化草甸、碎石隙有分布。花可入药。

【最佳观赏时间】5～8 月。

【推荐观赏指数】★★★

唐古特虎耳草

Saxifraga tangutica Engl.

虎耳草科 Saxifragaceae
虎耳草属 *Saxifraga*

藏文名：གསེར་ཏིག་དམན་པ།　藏文音译名：松吉斗曼巴　别名：甘青虎耳草、桑斗

【形态特征】多年生草本，高 0.2～0.4 米。茎被褐色卷曲长柔毛。基生叶具柄，叶片卵形、披针形至长圆形，边缘具褐色卷曲长柔毛，叶柄边缘疏生褐色卷曲长柔毛。多歧聚伞花序长 1～7.5 厘米，2～24 花；花梗密被褐色卷曲长柔毛；萼片在花期由直立变开展至反曲，卵形、椭圆形至狭卵形，长 1.7～3.3 毫米，宽 1～2.2 毫米，先端钝，两面通常无毛，有时背面下部被褐色卷曲柔毛，边缘具褐色卷曲柔毛；花瓣黄色，或腹面黄色而背面紫红色，卵形、椭圆形至狭卵形，长 2.5～4.5 毫米，宽 1.1～2.5 毫米，先端钝，基部具爪，3～7 脉；雄蕊长 2～2.2 毫米，花丝钻形；子房近下位，周围具环状花盘，花柱长约 1 毫米。

【分布及用途】理县、松潘、金川、小金、马尔康、若尔盖、红原、康定、丹巴、九龙、道孚、德格、石渠、乡城、稻城等市县海拔 2 900～4 600 米的林下、灌丛、高山草甸、高山碎石隙有分布。全草可入药。

【最佳观赏时间】6～9 月。

【推荐观赏指数】★★★

虎耳草科 Saxifragaceae

梅花草属 *Parnassia*

凹瓣梅花草

Parnassia mysorensis Heyne ex Wight et Arn.

藏文名：དངུལ་ཆུག་དཀར་པོ་རིགས་གཅིག　别名：小苍耳七、岩参、小梅花草

【形态特征】多年生草本，高 8～13 厘米。基生叶 2～5，卵状心形或宽卵形，长 0.5～1.5 厘米，宽 0.7～1.5 厘米，先端圆或钝，基部心形或近心形，全缘，下面淡绿色，有 7～9 弧形脉；叶柄长不及 2 厘米，托叶膜质，边缘常有稀疏褐色流苏状毛。茎 1～2，近基部或 1/3 处有 1 苞叶，茎生叶无柄半抱茎，与基生叶同形或较小，基部有铁锈色附属物，早落。花单生茎顶，径 1.8～2 厘米。萼片长圆形或半圆形，长 4～5 毫米，花瓣白色，宽匙形，长约 8 毫米，先端 2 裂或微凹，全缘、啮蚀状或上半部近全缘，下半部有锐齿，有 3 条弧形脉；雄蕊 5；退化雄蕊 5，扁平，扇形，长 3～3.5 毫米，先端 1/3 浅裂，裂片并行；子房上位，卵圆形，柱头 3 裂，裂片卵形。蒴果 3 裂。

【分布及用途】松潘、金川、小金、黑水、马尔康、壤塘、红原、甘孜、康定、泸定、九龙、雅江、道孚、德格、石渠、色达、乡城、稻城等市县海拔 2 400～3 600 米的山坡杂木林、灌丛草甸、山坡草地有分布。

【最佳观赏时间】7～8 月。

【推荐观赏指数】★★★★

各论

凹瓣梅花草∧∧∧∧∧∧∧∧∧∧∧∧

105

三脉梅花草

Parnassia trinervis Drude

虎耳草科 Saxifragaceae

梅花草属 *Parnassia*

藏文名： དངུལ་ཏིག་དཀར་པོ། 　藏文音译名：欧蒂嘎布

【形态特征】多年生草本，高 0.08～0.2 米。基生叶 4～9，长圆形、长圆状披针形或卵状长圆形，长 0.8～1.5 厘米，先端尖，基部微心形、平截或下延至叶柄，上面深绿色，下面淡绿色，有突起 3～5 脉；叶柄长 0.8～1.5 厘米，稀达 4 厘米，扁平，两侧有窄翼，有褐色条纹，托叶膜质。茎 1～8，近基部具 1 叶，与基生叶同形，较小，无柄，半抱茎。花单生茎顶，径约 1 厘米；萼片披针形或长圆披针形，长约 3 毫米，先端纯，有 3 脉；花瓣白色，披针形，长约 7.8 厘米，先端圆，基部楔形下延成长约 1.5 毫米之爪，边全缘，有 3 脉；雄蕊 5，花丝不等长，退化雄蕊 5，扁平，先端 1/3 浅裂，裂片短棒状；子房半下位，花柱极短，长约 0.5 毫米，柱头 3 裂，裂片直立，花后反折。蒴果 3 裂。

【分布及用途】松潘、若尔盖、红原、康定、色达、稻城等市县海拔 3 100～4 500 米的山谷潮湿地、沼泽草甸、河滩地有分布。全草可入药。

【最佳观赏时间】7～8 月。

【推荐观赏指数】★★★

小丛红景天

Rhodiola dumulosa (Franch.) S. H. Fu.

景天科 Crassulaceae
红景天属 *Rhodiola*

藏文名：གངས་ཆེན་པ།　藏文音译名：岗参巴　别名：凤尾七、凤尾草、凤凰草、香景天、雾灵景天

【形态特征】多年生草本，高 0.1～0.3 米。花茎聚生主轴顶端，直立或弯曲，不分枝。叶互生，无柄，全缘，狭长线形，先端稍急尖。花序聚伞状，有 4～7 花，紧密；萼片 5，线状披针形，先端渐尖，基部宽；花瓣 5，白或红色，披针状长圆形，直立，先端渐尖，有较长的短尖，边缘平直，或多少呈流苏状；雄蕊 10，较花瓣短，对着萼片的长 7 毫米，对着花瓣的长 3 毫米，着生花瓣基部上 3 毫米处；鳞片 5，横长方形，先端微缺；心皮 5，卵状长圆形，直立，基部合生。种子长圆形，有微乳头状突起，有狭翅。

【分布及用途】金川、小金、阿坝、泸定、炉霍、甘孜等县海拔 1 600～3 900 米的沟边、山坡石缝中有分布。根茎可入药。

【最佳观赏时间】6～7 月。

【推荐观赏指数】★★★

景天科 Crassulaceae

红景天属 *Rhodiola*

四裂红景天

***Rhodiola quadrifida* (Pall.) Fisch. et. Mey.**

藏文名:**ཆུ་ཚན་པ།**　藏文音译名:齐参巴　别名:四裂景天、人头发

【形态特征】多年生草本,高 0.1～0.2 米,老的植株常有一短宽而分枝的根颈,残留老枝茎多数。根颈基部扩大,分枝丛生,外观黑褐色,先端被鳞片,不呈圆形。花茎细,稻秆色,直立。叶互生,叶小,无柄,长圆形或线状长圆形,先端急尖,全缘。伞房花序,花少数,花小形,花瓣 4,紫红色,长圆状倒卵形,雄蕊 8,与花瓣同长或稍长,花丝与花药黄色;鳞片四方形或半圆形。蓇葖 4,披针形,直立,有先端反折的短喙,成熟时暗红色;种子长圆形,褐色,有翅。

【分布及用途】康定、雅江、理塘等市县海拔 2 000～5 600 米的沟边、山坡石缝中有分布。根茎可入药。

【最佳观赏时间】5～6 月。

【推荐观赏指数】★★★

圆丛红景天

Rhodiola coccinea (Royle) Borissova

景天科 Crassulaceae
红景天属 *Rhodiola*

藏文名： སྲོ་ལོ་དམར་པོ། 藏文音译名：索罗玛保 别名：高山红景天、鲜红红景天

【形态特征】多年生草本，高约 0.15 米。根茎地上部分分枝，密集丛生，几为圆形，直径约 10 厘米，先端被鳞片，鳞片宽三角形，钝；宿存老茎多数，短而细，不育茎长 1.5～3 厘米，叶密集顶端。花茎多数，扇状分布，长 2～4 厘米。叶线状披针形，长 3～5 毫米，宽 0.6 毫米，先端急尖，有芒，全缘。花序紧密，花少数；苞片线形，长 2～2.5 毫米，急尖；雌雄异株；雄花萼片 5，长圆形，长 1.5～2 毫米，钝；花瓣 5，黄色，近倒卵形，长 2.5 毫米，钝，先端有短尖；雄蕊 10，长为花瓣之半；鳞片 5，四方形，长 0.8 毫米，宽 0.9 毫米，先端有微缺。蓇葖果有种子 1～3，单生种子大，近卵状长圆形，长 2 毫米，两端有翅，如有 2～3 个种子时，种子长 1 毫米。

【分布及用途】红原、康定、泸定、九龙、雅江、道孚、德格、石渠、色达、稻城、得荣等市县海拔 3 500～4 200 米的碎石滩有分布。根及根茎可入药。

【最佳观赏时间】 7 月。

【推荐观赏指数】 ★★

德钦红景天

Rhodiola atuntsuensis (Praeg.) S. H. Fu.

景天科 Crassulaceae
红景天属 *Rhodiola*

藏文名：ཚན་རིགས་གཅིག།

【形态特征】多年生草本，植株矮小，高 0.05～0.1 米。基生叶不发达，叶无柄，叶椭圆形至卵形，变为鳞片状，鳞片状叶不为二型，不具顶生附属物，茎生叶 4～6，近轮生。花茎多，不分枝，直立，长 4 厘米，基部被鳞片，鳞片三角状半圆形，急尖。花序顶生，密集，近伞形；花两性；萼片 5，线形或披针形，先端钝；花大，花瓣 5，黄色，全缘，近直立，长圆形或长圆状披针形；雄蕊 10，与花瓣稍同长，对瓣的着生基部上 0.5 毫米处；鳞片 5，半椭圆形，长 1 毫米，宽 0.9 毫米，先端有小微缺；心皮 5，直立，长 2.5 毫米，花柱长 1 毫米以内。

【分布及用途】理县、松潘、康定、道孚等市县海拔 2 600～5 000 米的多石草地、花岗岩山地有分布。根及根茎可入药。

【最佳观赏时间】7～8 月。

【推荐观赏指数】★★★

长鞭红景天

Rhodiola fastigiata (HK. f. et Thoms.) S. H. Fu.

景天科 Crassulaceae
红景天属 *Rhodiola*

藏文名: ༄༅སྡུ་ཚན་དམར་པོ།   藏文音译名: 拉参玛保   别名: 竖枝景天、大理景天

【形态特征】多年生草本，高 0.3～0.6 米。老的花茎脱落，或有少数宿存的，基部鳞片三角形。花茎 4～10，着生主轴顶端，直立。叶互生，线状长圆形或线状披针形，先端钝，基部无柄，全缘，或有微乳头状突起。花序伞房状，紧密，多花，花大，长 1 厘米，宽 2 厘米；雌雄异株；花密生；萼片 5，线形或长三角形；花瓣 5，红色或带红色，长圆状披针形；雄蕊 10，长达 5 毫米，对瓣的着生基部上 1 毫米处；鳞片 5，横长方形，长 0.5 毫米，宽 1 毫米，先端有微缺；心皮 5，披针形，直立，花柱长。蓇葖果长 7～8 毫米，直立，先端稍向外弯。

【分布及用途】汶川、松潘、金川、小金、黑水、马尔康、甘孜、康定、泸定、九龙、雅江、道孚、理塘、乡城、稻城等市县海拔 2 500～5 400 米的林下、草坡有分布。根及根茎可入药。

【最佳观赏时间】6～8 月。

【推荐观赏指数】★★★

景天科 Crassulaceae
红景天属 *Rhodiola*

大花红景天
Rhodiola crenulata (HK. f. et Thoms.) H. Ohba

藏文名： སྲོ་ལོ་དམར་པོ། 藏文音译名：索罗玛保 别名：宽瓣红景天、宽叶景天、圆景天、大红七、圆齿红景天、红景天、大和七

【形态特征】多年生草本，高达 0.1～0.3 米。地上根茎短，残存茎少数，干后黑色；不育枝直立，顶端密生叶，叶宽倒卵形，长 1～3 厘米。花茎多，直立或扇状排列，高达 20 厘米，稻秆色或红色。叶有短的假柄，椭圆状长圆形或近圆形，长 1.2～3 厘米，全缘、波状或有圆齿。花序伞房状，多花，有苞片；花大，有长梗，雌雄异株；雄花萼片 5，窄三角形或披针形，花瓣 5，红色，倒披针形，长 6～7.5 毫米，有长爪；雄蕊 10，与花瓣等长，鳞片 5，近正方形或长方形，先端微缺，心皮 5，披针形，长 3～3.5 毫米，不育；雌花蓇葖 5，直立，长 8～10 毫米，花枝短，干后红色。种子倒卵形，长 1.5～2 毫米，两端有翅。

【分布及用途】金川、马尔康、红原、康定、泸定、九龙、雅江、道孚、德格、白玉、色达、乡城、稻城等市县海拔 2 800～5 600 米的山坡草地、灌丛、石缝中有分布。根及根茎可入药。

【最佳观赏时间】6～7 月。

【推荐观赏指数】★★★

狭叶红景天

Rhodiola kirilowii (Regel) Maxim.

景天科 Crassulaceae

红景天属 *Rhodiola*

藏文名：སྦང་ཚན་པ།　藏文音译名：榜参巴　别名：九头狮子七、狮子草、狮子头、景天三七、涩疙瘩、狮子七、窄叶红景天、涩疙瘩、尕都尔、嘎都、参嘎、土三七

【形态特征】多年生草本，高 0.2～0.5 米。根茎不横走，不伸出地面上，粗壮，呈不规则的圆块状或圆柱形，有时基部被以小的残留老枝茎；花茎高 15～50 厘米，粗 4～5 毫米。叶互生，无柄，条形至条状披针形，长 4～6 厘米，宽 2～5 毫米，顶端急尖，边缘有疏锯齿，或几为全缘。花序伞房状，多花，宽 7～10 厘米；雌雄异株，花一般为 5 基数的，少有 4 基数的；萼片 4～5，条形，短于花瓣，长 2～2.5 毫米；花瓣 4～5，绿黄色，条状倒披针形，长 3～4 毫米；雄花的雄蕊 8～10，与花瓣等长或稍超出，长 4 毫米，花药黄色。蓇葖果披针形，长 7～8 毫米。

【分布及用途】汶川、理县、茂县、金川、小金、黑水、马尔康、若尔盖、红原、甘孜、康定、泸定、丹巴、九龙、雅江、德格、石渠、理塘、稻城等市县海拔 2 000～5 600 米的多石草地上有分布。根茎可入药。

【最佳观赏时间】6～7 月。

【推荐观赏指数】★★★

（右侧竖排）各论　狭叶红景天 ∧∧∧∧∧∧∧∧∧∧∧

大果红景天

Rhodiola macrocarpa (Praeg.) S. H. Fu.

景天科 Crassulaceae

红景天属 *Rhodiola*

藏文名： སྲོ་ལོ་དམར་པོ། 藏文音译名：索罗玛保

【形态特征】多年生草本，高 0.1～0.3 米。花茎少数，直立，不分枝，上部有微乳头状突起。叶近轮生，无柄，上部的叶线状倒披针形至倒披针形，先端急尖，基部渐狭。花序伞房状，长 2～4 厘米，宽 3～7 厘米，有苞片；花梗被微乳头状突起；雌雄异株；萼片 5，线形，花瓣 5，黄绿色，线形；雄花中雄蕊 10，黄色；鳞片 5，近正方形，先端有微缺；雄花心皮 5，线状披针形，不育；雌花心皮 5，紫色，长圆状卵形，基部急狭，近有柄，花柱短直。种子披针状卵形，长 1 毫米，两端有翅。

【分布及用途】理县、松潘、小金、黑水、马尔康、红原、甘孜、泸定、丹巴、九龙、雅江、德格、白玉、稻城等市县海拔 2 900～4 000 米的山坡石地有分布。根茎可入药。

【最佳观赏时间】7～9 月。

【推荐观赏指数】★★★

各论

大果红景天∧∧∧∧∧∧∧∧∧∧∧

三裂距景天
Sedum costantinii Hamet

景天科 Crassulaceae
景天属 *Sedum*

藏文名：གཉན་ཐུབ་པ།　　藏文音译名：莲特巴

【形态特征】一年生草本，高 0.05～0.15 米。花茎纤细，基部多分枝，铺张。叶互生，线状三角形，先端尖或钝，全缘，叶基部有 3 浅裂的距。花序伞房状，有 2～5 花；苞片叶形；花为不等的五基数；花梗较萼片短；萼片黄绿色，半长圆形，先端近尖或钝，基部有钝距；花瓣全缘，花瓣黄色，倒卵状长圆形或倒卵状线形，长不超过 7.5 毫米，先端钝有短突尖头，基部较狭，合生达 0.8 毫米；雄蕊 10，两轮，均较花瓣短，外轮长约 6 毫米，内轮长约 2 毫米，花药长圆状肾形；鳞片线状匙形，长约 0.7 毫米，先端钝；心皮长 4～6.5 毫米，先端狭为花柱，基部合生。

【分布及用途】松潘、九寨沟、金川、小金、黑水、马尔康、康定、雅江等市县海拔 3 000～3 600 米的山谷、山坡岩上有分布。根茎可入药。

【最佳观赏时间】8～9 月。

【推荐观赏指数】★ ★ ★

川西景天

Sedum rosei Hamet

景天科 Crassulaceae

景天属 *Sedum*

藏文名：གཉན་ཐུབ་པ། 藏文音译名：莲特巴

【形态特征】一年生草本，无毛，高 0.1～0.3 米。花茎直立或上升，基部分枝。叶近线形或长三角状线形，先端渐尖，基部有截形或浅 3 裂的宽距。花序伞房状，有多数密集花；苞片叶形；花为不等的 5 基数；花梗长 1～2 毫米；萼片近线状披针形，长 5.5～6 毫米，宽 1.3～1.8 毫米，先端渐尖，基部有钝距；花瓣黄色，长圆状披针形，长 7～8.9 毫米，宽约 1.3 毫米，基部合生 0.5～0.8 毫米，先端有长突尖头；雄蕊 10，两轮，外轮长 4.5～5.2 毫米，内轮生于距花瓣基部约 2.5 毫米处，长约 3 毫米；鳞片线状匙形，长 0.7～1 毫米，先端稍扩张；心皮长圆形或狭卵形，直立，长 6～7 毫米，宽约 1.6 毫米，先端狭为长花柱，基部合生约 0.5 毫米，有胚珠 5～10。

【分布及用途】松潘、甘孜、康定、道孚、理塘等市县海拔 3 000～3 600 米的山谷、山坡岩石上有分布。

【最佳观赏时间】9～10 月。

【推荐观赏指数】★★★

各论

川西景天 ∧∧∧∧∧∧∧∧∧∧∧

景天科 Crassulaceae
景天属 Sedum

费 菜

Phedimus aizoon (Linnaeus)´t Hart

藏文名：གྱང་ཚེའི།　别名：土三七、还阳草、金不换、豆包还阳、豆瓣还阳、田三七、六月还阳、收丹皮、石菜兰、九莲花、长生景天、乳毛土三七、多花景天三七

【形态特征】多年生草本，高 0.3~0.8 米。根状茎短木质，粗茎高 20~50 厘米，有 1~3 条茎，直立，无毛，不分枝。叶互生，近革质，窄披针形、椭圆状披针形或卵状披针形，先端渐尖，基部楔形，边缘有不整齐的锯齿。聚伞花序，平顶，花密生，下托以苞叶；萼片 5，线形，肉质，不等长，长 3~5 毫米，先端钝；花瓣 5，黄色，长圆形至椭圆状披针形，长 0.6~1 厘米，有短尖；雄蕊 10，较花瓣短；鳞片 5，近正方形，长 0.3 毫米，心皮 5，卵状长圆形，基部合生，腹面凸出，花柱长钻形。蓇葖星芒状排列，长 7 毫米。

【分布及用途】汶川、理县、茂县、松潘、九寨沟、金川、小金、黑水、马尔康、康定、丹巴、雅江、色达等市县海拔 1 300~3 600 米的阴向草坡地有分布。根茎可入药。

【最佳观赏时间】6~7 月。

【推荐观赏指数】★★★

四川木蓝
Indigofera szechuensis Craib

豆科 Leguminosae
木蓝属 *Indigofera*

藏文名：ཤི་ཁྲོན་རབ། 　藏文音译名：四川染　别名：山皮条、金雀花

【形态特征】灌木，高达 1～2.5 米。茎幼枝有棱，被白色并间生棕褐色平贴"丁"字毛，后变无毛。羽状复叶先端圆钝或截形，微凹，托叶披针形较小于叶，叶柄长于几倍顶生小叶，叶轴上面扁平，被白色丁字毛。总状花序长于复叶；苞片卵形；花梗长 1.5～2 毫米，有粗"丁"字毛；花萼杯状，外面有棕褐色并间生白色绢丝状"丁"字毛，萼齿披针形，最下萼齿与萼筒等长；花冠红色或紫红色，旗瓣倒卵状椭圆形，外面有"丁"字毛，龙骨瓣与翼瓣近等长，先端及边缘有毛；子房无毛，有胚珠 8～10 粒。荚果栗褐色，圆柱形，疏生短"丁"字毛，成熟后近无毛，内果皮有紫色斑点，有种子 8～9 粒，种子栗色，果梗直立或平展。

【分布及用途】理县、金川、小金、马尔康、康定、泸定、丹巴、九龙、雅江、道孚、乡城等市县海拔 2 500～3 500 米的山坡、路旁、沟边及灌丛中有分布。为蜜源和饲料植物，根或地上部分可入药。

【最佳观赏时间】5～6 月。

【推荐观赏指数】★★★

牧地山黧豆
Lathyrus pratensis Linn.

豆科 Leguminosae
山黧豆属 *Lathyrus*

藏文名：ཤུའི་ཏི་ཧན་ལི་ཏོག 别名：牧地香豌豆

【形态特征】多年生草本，高 0.3～1.2 米，植株无毛，具根状茎或块根。茎不具翅，茎上升、平卧或攀缘。叶仅具 1 对小叶；叶轴先端有卷须或针刺状，无小托叶，单一或分枝；小叶椭圆形或披针形，先端渐尖，基部宽楔形或近圆形，两面或多或少被毛，具平行脉。总状花序腋生，具 5～12 朵花，长于叶数倍；花黄色；花萼钟状较花冠短，被短柔毛；旗瓣长约 14 毫米，瓣片近圆形，宽 7～9 毫米，下部变狭为瓣柄，翼瓣稍短于旗瓣，瓣片近倒卵形，基部具耳及线形瓣柄，龙骨瓣稍短于翼瓣，瓣片近半月形，基部具耳及线形瓣柄。荚果线形，黑色，具网纹；种子近圆形不为双凸透镜状。

【分布及用途】阿坝、理县、茂县、松潘、九寨沟、金川、黑水、马尔康、若尔盖、红原、乡城等市县海拔 1 000～3 000 米的山坡草地、疏林和路旁荫蔽处有分布。可为饲料及蜜源植物，全草可入药。

【最佳观赏时间】6～8 月。

【推荐观赏指数】★★★★

川西锦鸡儿

Caragana erinacea Kom.

豆科 Leguminosae
锦鸡儿属 *Caragana*

藏文名： བྲ་མ། 　藏文音译名：札玛　别名：甘宁锦鸡儿、繁花锦鸡儿、来缠夜肖、马氏锦鸡儿

【形态特征】灌木，高 0.3～0.6 米。老枝绿褐色或褐色，常具黑色条棱，有光泽；一年生枝黄褐色或褐红色。羽状复叶，托叶褐红色，被短柔毛，刺针很短，脱落或宿存；叶线形、倒披针形或倒卵状长圆形，先端锐尖，上面无毛，下面疏被短柔毛。花梗极短，常 1～4 簇生于叶腋，被伏贴短柔毛成无毛；花萼管状，长 8～10 毫米，宽 3～4 毫米；花冠黄色，长 18～25 毫米，旗瓣宽卵形至长圆状倒卵形，有时中部及顶部呈紫红色，翼瓣长圆形或线状长圆形，瓣柄稍长于瓣片，耳圆钝，小，龙骨瓣瓣柄长于瓣片，耳不明显；子房被密柔毛。荚果圆筒形，长 1.5～2 厘米，先端尖，无毛或被短柔毛。

【分布及用途】理县、松潘、马尔康、阿坝、红原、甘孜、康定、道孚、德格、色达、理塘、乡城、稻城等市县地海拔 2 700～3 000 米的山坡草地、林缘、灌丛、河岸、沙丘有分布。是干旱草原、荒漠草原地带的先锋树种。

【最佳观赏时间】6～9 月。

【推荐观赏指数】★★★★

豆科 Leguminosae
锦鸡儿属 *Caragana*

鬼箭锦鸡儿
Caragana jubata (Pall.) Poir.

藏文名：མཛོ་ཤིང་ཆུང་བ།　藏文音译名：佐兴邛瓦　别名：毛毛刺、箭叶锦鸡儿、狼麻、鬼箭愁、腰冒、特莫根－哈日嘎纳、浪麻、冠毛锦鸡儿、猫头刺、鬼箭头、母猪刺、木猪毛刺、特木根－斯古勒－哈日嘎纳、鬼见愁锦鸡儿、鬼见愁

【形态特征】灌木，高 1～2 米。茎基部分枝，多刺，树皮深灰色至黑色。叶轴宿存并硬化成刺，叶密集于枝的上部，小叶长椭圆形至线状长椭圆形，先端圆或急尖，有针尖，两面疏生柔毛，网脉不明显；托叶与叶柄基部贴生，不硬化成刺。花单生，长 2.5～3.5 厘米，花梗极短，基部有关节；花萼筒状，长 14～17 毫米，密生长柔毛，基部偏斜，萼齿 5，披针形；长为萼筒的 1/2；花冠蝶形，淡红色或近白色；子房长椭圆形，密生长柔毛。荚果长椭圆形，长约 3 厘米，宽约 7 毫米，密生丝状长柔毛。

【分布及用途】松潘、金川、小金、红原、康定、雅江、道孚、甘孜、新龙、德格、色达、巴塘、乡城、稻城、得荣等市县海拔 3 000～5 000 米的山坡、山顶灌林中有分布。根及枝叶可入药。

【最佳观赏时间】6～7 月。

【推荐观赏指数】★ ★ ★ ★

多花胡枝子

Lespedeza floribunda Bunge

豆科 Leguminosae

胡枝子属 *Lespedeza*

藏文名：ཅན་ད་ཧྱུང་གི་མེ།　　别名：山扫帚、铁条、斑鸠菜、粳米条、白毛蒿花、米汤草、莎格拉嘎日—呼日布格、山捎不齐、铁刷子、野兰枝、铁鞭草、瘦牛筋、多花铁扫帚、笤条、扫帚苗、石告杯

【形态特征】灌木，高 0.3～0.6 米。茎常近基部分枝；枝有条棱，被灰白色绒毛。羽状复叶，小叶具柄，倒卵形、宽倒卵形或长圆形，先端微凹、钝圆或近截形，具小刺尖，基部楔形，上面被疏伏毛，下面密被白色伏柔毛；侧生小叶较小。总状花序腋生；总花梗细长；花多数；小苞片卵形，长约 1 毫米，先端急尖；花萼长 4～5 毫米，被柔毛，5 裂，上方两裂片下部合生，上部分离，裂片披针形或卵状披针形，长 2～3 毫米，先端渐尖；花冠紫色、紫红色或蓝紫色，旗瓣椭圆形，长 8 毫米，先端圆形，基部有柄，翼瓣稍短，龙骨瓣长于旗瓣，钝头。荚果宽卵形，长约 7 毫米，密被柔毛，有网状脉。

【分布及用途】汶川、理县、茂县、松潘、金川、小金、马尔康、康定、泸定、道孚、巴塘、稻城等市县海拔 2 000～3 000 米的干旱山坡、丛林中有分布。根或全草可入药。

【最佳观赏时间】 6～8 月。

【推荐观赏指数】★★★

紫苜蓿

Medicago sativa L.

豆科 Leguminosae

苜蓿属 *Medicago*

藏文名：འབྲི་ལི་དངུལ།　藏文音译名：布苏夯　别名：光风草、苜蓿草、牧蓿、光风、木粟、连枝草、怀风、宝日－查日嘎苏、苜蓿根、苜草、金花菜、宿草、天蓝苜蓿、小苜蓿、苜蓿、蓿草、紫花苜蓿、咋竹给扎里、羊草

【形态特征】多年生草本，高 0.3～1 米。茎直立、丛生以至平卧，四棱形，无毛或微被柔毛。羽状三出复叶；托叶大，卵状披针形；叶柄比小叶短；小叶长卵形、倒长卵形或线状卵形，等大，或顶生小叶稍大，长 1～4 厘米，边缘 1/3 以上具锯齿，上面无毛，下面被贴伏柔毛，侧脉 8～10 对；顶生小叶柄比侧生小叶柄稍长。花序总状或头状，长 1～2.5 厘米，具 5～10 花；花序梗比叶长；苞片线状锥形，比花梗长或等长。花长 0.6～1.2 厘米；花梗长约 2 毫米；花萼钟形，萼齿比萼筒长；花冠淡黄、深蓝或暗紫色，花瓣均具长瓣柄，旗瓣长圆形，明显长于翼瓣和龙骨瓣，龙骨瓣稍短于翼瓣；子房线形，具柔毛，花柱短宽，柱头点状，胚珠多数。荚果螺旋状，紧卷 2～6 圈，中央无孔或近无孔，径 5～9 毫米，脉纹细，不清晰，有 10～20 种子；种子卵圆形，平滑。

【分布及用途】理县、茂县、松潘、金川、小金、黑水、马尔康、若尔盖、康定、泸定、九龙、道孚、炉霍、巴塘、乡城、得荣等市县海拔低于 3 800 米的田边、路旁、旷野、草原、河岸及沟谷有分布。可作饲料。

【最佳观赏时间】5～7 月。

【推荐观赏指数】★★★

薔薇科 Rosaceae
绣线菊属 *Spiraea*

鄂西绣线菊
Spiraea veitchii Hemsl.

藏文名:ཤག་ཤད། 藏文音译名:玛夏 别名:魏忌绣线菊

【形态特征】灌木,高1~3米。枝条细长,呈拱形弯曲,幼时红褐色,老时无毛,灰褐色或暗红色;冬芽小,卵形。叶片长圆形、椭圆形或倒卵形,上面绿色,通常无毛,下面灰绿色,具白霜。复伞房花序着生在侧生小枝顶端,花小而密集,密被极细短柔毛;花梗短,长3~4毫米;花直径约4毫米;萼筒钟状,内外两面被细短柔毛;萼片三角形,先端急尖,内面先端有细柔毛;花瓣卵形或近圆形,先端圆钝,长1~1.5毫米,宽1~2毫米;雄蕊约20,稍长于花瓣;花盘约有10个裂片,排列成环形,裂片先端常稍凹陷;子房几无毛,花柱短于雄蕊。蓇葖果小,开张,无毛。

【分布及用途】马尔康、红原、茂县、金川、小金、康定、泸定等市县海拔2 000~3 600米的山坡草地、灌丛中有分布。可作景观植物。

【最佳观赏时间】5~7月。

【推荐观赏指数】★★★★

各论

鄂西绣线菊 ︿︿︿︿︿︿︿︿︿︿︿

143

高山绣线菊
Spiraea alpina Pall.

蔷薇科 Rosaceae
绣线菊属 *Spiraea*

藏文名： སྨུག་ཆུང་། 藏文音译名：玛邛 别名：兔儿条、小叶石棒子、高山秀线菊

【形态特征】灌木，高 0.5～1.2 米。枝条直立或开张，小枝有明显棱角，幼时红褐色，老时灰褐色；冬芽卵形，通常无毛，有数枚外露鳞片。叶片多数簇生，线状披针形至长圆倒卵形，先端急尖或圆钝，基部全缘，两面无毛。伞形总状花序具短总梗，有花 3～15 朵；花梗长 5～8 毫米，无毛；苞片小，线形；花直径 5～7 毫米；萼筒钟状，外面无毛，内面具短柔毛；萼片三角形，先端急尖，内面被短柔毛；花瓣倒卵形或近圆形，先端圆钝或微凹，长与宽各 2～3 毫米，白色；雄蕊 20，几与花瓣等长或稍短于花瓣；花盘圆环形，具 10 个发达的裂片；子房外被短柔毛，花柱短于雄蕊。蓇葖果开张，无毛或仅沿腹缝线具稀疏短柔毛，花柱近顶生，常具直立或半开张萼片。

【分布及用途】理县、茂县、松潘、金川、小金、马尔康、壤塘、若尔盖、红原、甘孜、康定、道孚、炉霍、新龙、德格、白玉、石渠、色达、理塘、乡城、稻城等市县海拔 2 000～4 000 米的向阳坡地或灌丛中有分布。可作景观植物。

【最佳观赏时间】6～7 月。

【推荐观赏指数】★★★★

窄叶鲜卑花

Sibiraea angustata (Rehd.) Hand.–Mazz.

蔷薇科 Rosaceae
鲜卑花属 *Sibiraea*

藏文名：ཤ་ཟྲིད། 藏文音译名：纳朱 别名：西番柳

【形态特征】灌木，高 1～2 米。小枝圆柱形，微有棱角，幼时微被短柔毛，暗紫色，老时光滑无毛，黑紫色。叶片窄披针形、倒披针形或稀长椭圆形，先端急尖或突尖，稀渐尖，基部下延呈楔形，全缘，上下两面均不具毛。顶生穗状圆锥花序，长 5～8 厘米，直径 4～6 厘米，花梗长 3～5 毫米，总花梗和花梗均密被短柔毛；苞片披针形，先端渐尖；全缘，内外两面均被柔毛；花直径约 8 毫米；萼筒浅钟状，外被柔毛；萼片宽三角形，先端急尖，全缘，内外两面均被稀疏柔毛；花瓣宽倒卵形，先端圆钝，基部下延呈楔形，白色；雄花具雄蕊 20～25，花丝细长，药囊黄色，约与花瓣等长或稍长，雌花具退化雄蕊，花丝极短；花盘环状，肥厚，具 10 裂片；雄花具 3～5 退化雌蕊，四周密被白色柔毛，雌花具雌蕊 5，花柱稍偏斜，子房光滑无毛。菁葖果直立，具宿存直立萼片，果梗长 3～5 毫米，具柔毛。

【分布及用途】理县、松潘、九寨沟、金川、小金、黑水、马尔康、壤塘、阿坝、若尔盖、红原、甘孜、康定、九龙、雅江、道孚、炉霍、新龙、德格、石渠、色达、理塘、巴塘、稻城等市县海拔 3 000～4 000 米的高山草甸、高山灌丛、河边路旁、山坡灌丛及林缘有分布。可为观赏花木。

【最佳观赏时间】6～8 月。

146 【推荐观赏指数】★★★

窄叶鲜卑花
∧∧∧∧∧∧∧∧∧∧

蔷薇科 Rosaceae
委陵菜属 *Potentilla*

金露梅
Potentilla fruticosa L.

藏文名：ཞེན་ནག།　藏文音译名：班纳　别名：药王茶、金腊梅、金蜡梅、乌日阿拉格、木本委陵菜、老鸦爪、金老梅、棍儿茶、扁麻、边麻、棍儿菜、小扁麻、金蝶梅、灌状委陵菜、垫状金露梅、波罗兹干-舒乌尔

【形态特征】灌木，高 0.5～1.2 米。树皮纵向剥落，小枝红褐色。羽状复叶，叶柄被绢毛或疏柔毛；小叶片长圆形、倒卵长圆形或卵状披针形，两面绿色，托叶薄膜质。单花或数朵生于枝顶，花梗密被长柔毛或绢毛；花直径 2.2～3 厘米；萼片卵圆形，顶端急尖至短渐尖；花瓣黄色，宽倒卵形，顶端圆钝，比萼片长；花柱近基生，棒形，基部稍细，顶部缢缩，柱头扩大。瘦果近卵形，褐棕色，长 1.5 毫米，外被长柔毛。

【分布及用途】汶川、理县、茂县、松潘、九寨沟、金川、小金、马尔康、阿坝、若尔盖、红原、甘孜、康定、泸定、九龙、雅江、道孚、炉霍、新龙、德格、石渠、色达、巴塘、乡城、稻城等市县海拔 1 000～4 000 米的山坡草地、砾石坡、灌丛及林缘有分布。叶、花可入药。

【最佳观赏时间】6～9 月。

【推荐观赏指数】★★★★★

各论　金露梅 ∧∧∧∧∧∧∧∧∧∧∧

149

银露梅

Potentilla glabra Lodd.

蔷薇科 Rosaceae
委陵菜属 *Potentilla*

藏文名：ཕྱེན་དཀར། 　藏文音译名：班嘎尔

别名：白花棍儿茶、光叶银露梅、萌根-乌日阿拉格、银老梅

【形态特征】灌木，高 0.3～0.8 米。小枝灰褐色或紫褐色，被稀疏柔毛。羽状复叶，叶柄被疏柔毛；小叶片椭圆形、倒卵椭圆形或卵状椭圆形，顶端圆钝或急尖，基部楔形或近圆形，边缘平坦或微向下反卷，全缘，两面绿色，被疏柔毛或近无毛。顶生单花或数朵，花梗细长，被疏柔毛；花直径 1.5～2.5 厘米；萼片卵形，急尖或短渐尖，副萼片披针形、倒卵披针形或卵形，比萼片短或近等长，外面被疏柔毛；花瓣白色，倒卵形，顶端圆钝；花柱近基生，棒状，基部较细，在柱头下缢缩，柱头扩大。瘦果表面被毛。

【分布及用途】松潘、九寨沟、金川、小金、黑水、马尔康、阿坝、若尔盖、红原、甘孜、康定、泸定、丹巴、九龙、雅江、道孚、炉霍、德格、石渠、色达、乡城、稻城等市县海拔 1 400～4 200 米山坡草地、河谷岩石缝、灌丛及林中有分布。可作观花树种，嫩叶可代茶，茎皮、秆可作人造棉或造纸原料，叶可药用。

【最佳观赏时间】 6～9 月。

【推荐观赏指数】 ★★★★★

二裂委陵菜

Potentilla bifurca Linn.

蔷薇科 Rosaceae

委陵菜属 *Potentilla*

藏文名：ཨེར་ལེ་ཞུའི་ཞིན་ཚའི། 别名：叉叶委陵菜、地红花、二裂翻白草、鸡冠草、老虎蹄、土地榆、希日根、痔疮草、二裂叶翻白草、光叉叶萎陵菜、鸡冠茶

【形态特征】多年生草本，高 0.1～0.2 米。花茎直立或上升，密被疏柔毛或微硬毛。羽状复叶，有小叶 5～8 对，叶柄密被疏柔毛或微硬毛，小叶片无柄，对生稀互生，椭圆形或倒卵椭圆形，基部楔形或宽楔形，两面绿色，伏生疏柔毛；下部叶托叶膜质，褐色，外面被微硬毛，上部茎生叶托叶草质，绿色。近伞房状聚伞花序，顶生，疏散；花直径 0.7～1 厘米；萼片卵圆形，顶端急尖，副萼片椭圆形，顶端急尖或钝，比萼片短或近等长，外面被疏柔毛；花瓣黄色，倒卵形，顶端圆钝，比萼片稍长；心皮沿腹部有稀疏柔毛；花柱侧生，棒形，基部较细，顶端缢缩，柱头扩大。瘦果表面光滑。

【分布及用途】松潘、阿坝、若尔盖、红原、康定、泸定、九龙、雅江、甘孜、德格等市县海拔 800～3 600 米的地边、路旁、沙地、山坡草地、荒漠草原、疏林下有分布。全草可入药。

【最佳观赏时间】5～9 月。

【推荐观赏指数】★★★

东方草莓

Fragaria orientalis Losina–Losinsk

蔷薇科 Rosaceae

草莓属 *Fragaria*

藏文名：ཙི་ད་ས་འཛིན། 　藏文音译名：孜达沙增 　别名：结根草莓、土泡、蛇含草、伞房草莓、三爪龙、草莓、高丽果、白泡、莓子、地泡、野草莓、酒泡、野高丽果、古哲勒哲根纳、孜孜萨森、野地果、地瓢、野地枣、瓢儿、凤梨草莓

【形态特征】多年生草本，高 0.1～0.15 米。茎被开展柔毛，上部较密，下部有时脱落。三出复叶，小叶几无柄，倒卵形或菱状卵形，顶端圆钝或急尖，顶生小叶基部楔形，侧生小叶基部偏斜，边缘有缺刻状锯齿；叶柄被开展柔毛有时上部较密。花序聚伞状，有花 2～6 朵，基部苞片淡绿色或具一有柄小叶，花梗长 0.5～1.5 厘米，被开展柔毛；花两性，稀单性，直径 1～1.5 厘米；萼片卵圆披针形，顶端尾尖，副萼片线状披针形，偶有 2 裂；花瓣白色，近圆形，基部具短爪；雄蕊 18～22，近等长；雌蕊多数。聚合果半圆形，成熟后紫红色，宿存萼片开展或微反折；瘦果卵形，宽 0.5 毫米，表面脉纹明显或仅基部具皱纹。

【分布及用途】理县、茂县、松潘、小金、马尔康、壤塘、阿坝、若尔盖、红原、甘孜、康定、泸定、九龙、道孚、德格、乡城、稻城等市县海拔 800～4 000 米的山坡、草地或林下有分布。果实可生食或供制果酒、果酱，也可入药。

【最佳观赏时间】5～8 月。

【推荐观赏指数】★★★

地 榆

Sanguisorba officinalis L.

蔷薇科 Rosaceae
地榆属 *Sanguisorba*

藏文名：ཞོན། 藏文音译名：蕃 别名：黄瓜香、山地瓜、猪人参、血箭草、玉札、山枣子

【形态特征】多年生草本，高 0.3～1.2 米。茎直立，有棱，无毛或基部有稀疏腺毛。基生叶为羽状复叶，叶柄无毛或基部有稀疏腺毛；小叶片有短柄，卵形或长圆状卵形，顶端圆钝稀急尖。穗状花序椭圆形，圆柱形或卵球形，直立，通常长 1～4 厘米，横径 0.5～1 厘米，从花序顶端向下开放，花序梗光滑或偶有稀疏腺毛；苞片膜质，披针形，顶端渐尖至尾尖，比萼片短或近等长，背面及边缘有柔毛；萼片 4，紫红色，椭圆形至宽卵形，背面被疏柔毛，中央微有纵棱脊，顶端常具短尖头；雄蕊 4，花丝丝状，不扩大，与萼片近等长或稍短；子房外面无毛或基部微被毛，柱头顶端扩大，盘形，边缘具流苏状乳头。果实包藏在宿存萼筒内，外面有斗棱。

【分布及用途】理县、茂县、松潘、黑水、泸定等县海拔 2 000～3 000 米的草甸、山坡草地、灌丛、疏林下有分布。根可入药。

【最佳观赏时间】7～10 月。

【推荐观赏指数】★★★

蔷薇科 Rosaceae
地榆属 *Sanguisorba*

矮地榆

Sanguisorba filiformis (Hook. f.) Hand.–Mazz.

藏文名：ཟོར། 藏文音译名：蕃

别名：白花地榆、地榆、地海参、线叶地榆、虫莲、五母那包、金钱回

【形态特征】多年生草本，高达 0.35 米，全株无毛。基生叶为羽状复叶，小叶 3～5 对，叶柄光滑，小叶有短柄，稀近无柄，宽卵形或近圆形，长 0.4～1.5 厘米，长宽近相等，先端圆钝，稀近平截，基部圆或微心形，有圆钝锯齿，上面暗绿色，下面绿色，两面无毛；茎生叶 1～3，与基生叶相似，向上小叶对数渐少；基生叶托叶褐色，膜质，茎生叶托叶草质，绿色，全缘或有齿。花单性，雌雄同株，花序头状，近球形，径 3～7 毫米，周围为雄花，中央为雌花；苞片细小，卵形、边缘有稀疏睫毛。萼片 4，白色，长倒卵形，外面无毛；雄蕊 7～8，花丝丝状，比萼片长约 1 倍；花柱丝状，比萼片长 1/2～1 倍，柱头乳头状。瘦果有 4 棱，熟时萼片脱落。

【分布及用途】理县、松潘、阿坝、若尔盖、红原、康定、九龙、道孚、甘孜、新龙、德格、理塘、乡城、稻城等市县海拔 1 200～4 000 米的山坡、草地、沼泽有分布。根可入药。

【最佳观赏时间】6～7 月。

【推荐观赏指数】★★★

各论

矮地榆

∧∧∧∧∧∧∧∧∧∧∧∧

159

陕甘花楸
Sorbus koehneana Schneid.

蔷薇科 Rosaceae
花楸属 *Sorbus*

藏文名：ম་མོ།　藏文音译名：马木　别名：郭氏花楸、小叶臭椒子、白皂角、臭山槐、高氏花楸、马木、昆氏花楸、昆氏花揪、川滇花楸、考氏花楸

【形态特征】灌木或小乔木，高 2～5 米。小枝红褐色至灰黑色。羽状复叶，小叶近无柄，长圆形至长圆披针形，先端渐尖或钝圆，基部斜楔形，表面无毛，背面灰绿色，叶轴上有浅沟，两侧有窄翅；托叶圆卵形，早落。复伞房花序多生在侧生短枝上，具多数花朵，总花梗和花梗有稀疏白色柔毛；花梗长 1～2 毫米；萼筒钟状，内外两面均无毛；萼片三角形，先端圆钝，外面无毛，内面微具柔毛；花瓣宽卵形，长 4～6 毫米，宽 3～4 毫米，先端圆钝，白色，内面微具柔毛或近无毛；雄蕊 20，长为花瓣的 1/3；花柱 5，几与雄蕊等长，基部微具柔毛或无毛。果实球形，直径 6～8 毫米，白色，先端具宿存闭合萼片。

【分布及用途】理县、马尔康、红原等市县海拔 2 300～4 000 米的溪谷阴坡山林中有分布。可作观赏树种。

【最佳观赏时间】6～9 月。

【推荐观赏指数】★★★

西藏沙棘

Hippophae thibetana Schlechtend.

胡颓子科 Elaeagnaceae
沙棘属 *Hippophae*

藏文名：ན་ཐུར　藏文音译名：萨达尔　别名：沙枣、大尔卜兴、酸刺、醋柳果

【形态特征】矮小灌木，高 0.3～0.6 米。单叶，叶腋通常无棘刺，三叶轮生或对生，稀互生，线形或矩圆状线形，两端钝形，边缘全缘不反卷，上面幼时疏生白色鳞片，成熟后脱落，暗绿色，下面灰白色，密被银白色和散生少数褐色细小鳞片。雌雄异株；雄花黄绿色，花萼 2 裂，雄蕊 4，2 枚与花萼裂片对生，2 枚与花萼裂片互生；雌花淡绿色，花萼囊状，顶端 2 齿裂。果实成熟时黄褐色，多汁，阔椭圆形或近圆形，顶端具 6 条放射状黑色条纹；果梗纤细，褐色。

【分布及用途】理县、马尔康、阿坝、若尔盖、红原、甘孜、德格、白玉、色达、理塘等市县海拔 3 300～5 200 米的高原草地、河漫滩有分布。果实可食用，也可入药。

【最佳观赏时间】5～9 月。

【推荐观赏指数】★★

胡颓子科 Elaeagnaceae

沙棘属 *Hippophae*

中国沙棘

Hippophae rhamnoides L. subsp. *sinensis* Rousi

藏文名：གནའ་ལྕུ་རི། 藏文音译名：岚木达

别名：沙枣、沙棘、醋柳果、醋柳、酸刺子、酸柳柳、酸刺、黑刺、黄酸刺、酸刺刺

【形态特征】灌木，高 1～5 米。老枝灰黑色，顶生或侧生许多粗壮直伸的棘刺，幼枝密被银白色带褐锈色的鳞片，呈绿褐色，有时具白色星状毛。单叶，狭披针形或条形，先端略钝，基部近圆形，上面绿色，初期被白色盾状毛或柔毛，下面密被银白色鳞片而呈淡白色。花序生于去年小枝上，雄株的花序轴脱落，雌株花序轴不脱落而变为小枝或棘刺。花先叶开放，淡黄色，雄花先开，无花梗，花萼 2 裂，雄蕊 4，雌花后开，单生于叶腋，具短梗，花萼筒囊状，2 齿裂。果实为肉质化的花萼筒所包围，圆球形，橙黄或橘红色。种子小，卵形，有时稍压扁，黑色或黑褐色，种皮坚硬，有光泽。

【分布及用途】汶川、理县、茂县、松潘、九寨沟、金川、小金、黑水、马尔康、阿坝、若尔盖、红原、康定、泸定、丹巴、九龙、道孚、甘孜、新龙、德格、白玉、乡城、稻城等市县海拔 1 200～3 600 米的向阳山脊、谷地、干涸河床、山坡有分布。果实可入药。

【最佳观赏时间】9～10 月。

【推荐观赏指数】★ ★ ★

各论 中国沙棘 ^^^^^^^^^^

赤瓟

Thladiantha dubia Bunge.

葫芦科 Cucurbitaceae
赤瓟属 *Thladiantha*

藏文名：གསེར་གྱི་མེ་ཏོག། 藏文音译名：色吉梅朵 别名：气包、赤包、山屎瓜、屎包子、野小瓜、喜鹊黄瓜、萆瓜、金瓜儿、赤雹子、浆瓜子、山土豆、土瓜

【形态特征】多年生攀缘草质藤本，全株被黄白色的长柔毛状硬毛。根块状；茎有棱沟。叶互生，柄稍粗，宽卵状心形，边缘浅波状，先端急尖，基部心形，两面粗糙；卷须纤细不分叉。雌雄异株；花冠黄色；花萼筒极短，近辐状，花瓣被短柔毛；雄花单生或聚生于短枝的上端呈假总状花序，花梗细，花瓣长圆形，上部向外反折，先端稍急尖，雄蕊5，着生在花萼筒檐部，1枚分离，其余4枚两两稍靠合，花药卵形，退化子房半球形；雌花单生，花梗较粗，裂片披针形向外反折，退化雄蕊棒状，子房下位长圆形，花柱分3叉，肾形柱头膨大2裂。果实卵状长圆形，表面橙黄色或红棕色，被柔毛，具10条明显的纵纹。

【分布及用途】马尔康、金川、小金、九寨沟、康定、泸定等市县海拔300～1 800米的山坡、河谷及林缘湿处有分布。为蜜源植物，果实可作药用。

【最佳观赏时间】6～8月。

【推荐观赏指数】★★★

波棱瓜

Herpetospermum pedunculosum (Ser.) C. B. Clarke

葫芦科 Cucurbitaceae
波棱瓜属 *Herpetospermum*

藏文名：གསེར་གྱི་མེ་ཏོག། 藏文音译名：色吉梅朵

【形态特征】一年生攀缘草本。茎、枝纤细，有棱沟，茎与叶初时具疏柔毛，后渐脱落近光滑无毛。叶片膜质，仅浅裂，基部无腺体，卵状心形，先端渐尖，边缘具细圆齿，或有不规则的角，基部心形，两面粗糙，叶脉在叶背隆起，具长柔毛；卷须2歧，近无毛。花黄色；花冠辐状，5片分离，裂片椭圆形全缘；花梗疏生长柔毛，雌雄异株；雄花：单生花或总状花序，花萼筒伸长，筒状或漏斗状，雄蕊3，不伸出；雌花：单生花，退化雌蕊近钻形。果梗粗壮，果实阔长圆形，三棱状，被长柔毛，成熟时3瓣裂至近基部，里面纤维状；种子淡灰色，长圆形，基部截形，具小尖头，顶端不明显3裂。

【分布及用途】九龙、金川、小金、稻城、茂县等县海拔2 300～3 500米的山坡灌丛及林缘、路旁有分布。种子可入药。

【最佳观赏时间】6～10月。

【推荐观赏指数】★ ★ ★

康定金丝桃

Hypericum maclarenii N. Robson

藤黄科 Guttiferae

金丝桃属 *Hypericum*

藏文名：དར་ཚེའི་ཁམས་ཐུ།　藏文音译名：达则康伍

别名：狗胡花、金线蝴蝶、过路黄、金丝海棠、金丝莲、土连翘

【形态特征】灌木，高 0.75～1 米，有直立的枝条。茎红色，幼时有浅的 4 纵线棱及有时两侧压扁，很快就呈圆柱形。叶具柄，叶片狭披针形，先端锐尖至近锐尖，基部楔形，边缘平坦，坚纸质。花序具 1～4 花，自顶端第一节生出，近伞房状；花梗长 0.7～1 厘米；苞片退化，线状披针形。花直径 4～5 厘米，星状；花蕾狭卵珠形，先端具小尖突；萼片离生，在花蕾时多少外弯，结果时则开张，狭椭圆形，近等大至不等大，先端锐尖至渐尖，全缘，中脉明显可见，小脉不明显，有腺体约 12～14，线形或多少呈断线形；花瓣金黄色，有时在背面有红晕，开张，倒卵状披针形，长为萼片的 2.5～3 倍，边缘全缘，无腺体，有侧生的小尖突，小尖突先端锐尖至钝形；雄蕊 5 束，每束约有雄蕊 50 枚，长为花瓣的 3/5，花药金黄色；子房卵珠状圆锥形，花柱长为子房的 4/5 至与其等长，近顶端外弯，柱头狭头状。蒴果狭卵珠形；种子深褐色，圆柱形，有龙骨状突起和浅的线状网纹至线状蜂窝纹。

【分布及用途】汶川、理县、茂县、金川、小金、马尔康、康定、泸定、九龙等市县海拔约 1 800～2 600米的陡崖河边、山坡灌丛有分布。可作景观植物。

【最佳观赏时间】7～8 月。

【推荐观赏指数】★★★★

董菜科 Violaceae
董菜属 *Viola*

深圆齿董菜
Viola davidii Franch.

藏文名：ཅེན་ཡོན་ཆེ་ཅེན་མོ།　　别名：野董菜、光瓣董菜、光萼董菜、马蹄草、浅圆齿董菜

【形态特征】多年生细弱无毛草本，高达 9 厘米。无地上茎，有时具匍匐枝；根状茎细，垂直，节密生。叶基生；叶圆形或肾形，长宽 1～3 厘米，先端圆钝，基部浅心形或平截，具较深圆齿，下面灰绿色；叶柄长 2～5 厘米，托叶离生或基部与叶柄合生，披针形，疏生细齿。花白或淡紫色；花梗长 4～9 厘米，上部有 2 线形小苞片；萼片披针形，长 3～5 毫米，基部附属物短，末端平截；花瓣倒卵状长圆形，上瓣长 1～1.2 厘米，宽约 4 毫米，侧瓣与上瓣近等大，内面无须毛，下瓣较短，连囊状距长约 9 毫米，有紫色脉纹；柱头两侧及后方有窄的缘边，前方具短喙。蒴果椭圆形，常具褐色腺点。

【分布及用途】松潘、马尔康、天全、宝兴、泸定等市县海拔 1 000～4 000 米的林下、林缘、山坡草地、溪谷或石上荫蔽处有分布。全草可入药。

【最佳观赏时间】3～6 月。

【推荐观赏指数】★★★★

各论

深圆齿董菜 ∧∧∧∧∧∧∧∧∧∧∧

康定柳

Salix paraplesia Schneid.

杨柳科 Salicaceae

柳属 *Salix*

藏文名：ལྕང་མ། 　藏文音译名：朗玛 　别名：拟五蕊柳

【形态特征】灌木，高 2～3 米。小枝带紫色或灰色，无毛。叶倒卵状椭圆形或椭圆状披针形稀披针形，先端渐尖或急尖，基部楔形，上面深绿色，下面带白色，两面均无毛，边缘有明显的细腺锯齿；叶柄无毛，先端有腺点。花叶同时开放，密生；花序梗长，具 3～5 叶；花序轴有柔毛；雄花序通常长 3.5 厘米，粗约 7 毫米；雄蕊 5～7 枚，长短不一，花丝基部有柔毛，花药宽椭圆形或近球形；苞片长圆形或椭圆形，长约 2 毫米，先端钝或圆截形，常有腺齿，两面有毛，或外面上部无毛；雌花序长 2～4 厘米，果序达 5 厘米；子房长卵形或卵状圆锥形，长 4～5 毫米，有短柄，花柱与柱头都明显，2 裂；苞片同雄花，受粉后逐渐脱落；雌花仅有腹腺 1～2，或 2 深裂。蒴果卵状圆锥形，有光泽。

【分布及用途】红原、若尔盖、阿坝等县海拔 2 000～4 000 米的河边、山沟地带有分布。

【最佳观赏时间】5～6 月。

【推荐观赏指数】★★★

宿根亚麻

Linum perenne L.

亚麻科 Linaceae
亚麻属 *Linum*

藏文名: ཟར་མ།　**藏文音译名:** 日吉洒尔玛　**别名:** 野亚麻、豆麻、胡麻、塔拉音-麻嘎领古、黑水亚麻、野胡麻、西伯利亚亚麻、日哲撒玛、多年生亚麻

【形态特征】 多年生草本,高 0.2~0.9 米。茎多数,直立或仰卧,中部以上多分枝,基部木质化,具密集狭条形叶的不育枝。叶互生;叶片狭条形或条状披针形,全缘内卷,先端锐尖,基部渐狭。花多数,组成聚伞花序,蓝色、蓝紫色、淡蓝色,直径约 2 厘米;花梗细长,长 1~2.5 厘米,直立或稍句一侧弯曲;萼片 5,卵形,长 3.5~5 毫米,外面 3 片先端急尖,内面 2 片先端钝,全缘,5~7 脉,稍凸起;花瓣 5,倒卵形,长 1~1.8 厘米,顶端圆形,基部楔形;雄蕊 5,长于或短于雌蕊,或与雌蕊近等长,花丝中部以下稍宽,基部合生;子房 5 室,花柱 5,分离,柱头头状。蒴果近球形,直径 3.5~8 毫米,草黄色;种子椭圆形,褐色。

【分布及用途】 汶川、理县、茂县、松潘、九寨沟、金川、小金、黑水、马尔康、壤塘、阿坝、若尔盖、红原、甘孜、康定、泸定、九龙、雅江、道孚、德格、新龙、色达、理塘、乡城、稻城、得荣等市县海拔 2 000~4 100 米的干旱草原、沙砾质干河滩、山地阳坡疏灌丛有分布。花、果实可入药。

【最佳观赏时间】 6~7 月。

【推荐观赏指数】 ★★★★

牻牛儿苗科 Geraniaceae
老鹳草属 *Geranium*

甘青老鹳草
Geranium pylzowianum Maxim.

藏文名：ལ་ཕོད། 藏文音译名：拉冈 别名：珠根老鹳草、贾贝、青藏老鹳草、青藏牻牛儿苗

【形态特征】多年生草本，高 0.1～0.2 米。茎直立，细弱，被倒向短柔毛或下部近无毛。叶互生；托叶披针形，基部合生；基生叶和茎下部叶具长柄，密被倒向短柔毛；叶片肾圆形，掌状 5～7 深裂至基部，裂片倒卵形。花序腋生和顶生，每梗具 2 花或为 4 花的二歧聚伞状；总花梗密被倒向短柔毛；苞片披针形，边缘被长柔毛；花梗与总花梗相似，长为花的 1.5～2 倍，下垂；萼片披针形或披针状矩圆形，外被长柔毛；花瓣紫红色，倒卵圆形，长为萼片的 2 倍，先端截平，基部骤狭，背面基部被长毛；雄蕊与萼片近等长，花丝淡棕色，下部扩展，被疏柔毛，花药深紫色；子房被伏毛，花柱分枝暗紫色。蒴果长 2～3 厘米，被疏短柔毛。

【分布及用途】理县、茂县、松潘、金川、黑水、马尔康、壤塘、阿坝、若尔盖、红原、甘孜、康定、泸定、九龙、雅江、道孚、炉霍、德格、白玉、色达、理塘、巴塘、乡城、稻城、得荣等市县海拔 2 500～5 000 米的山地针叶林缘草地、亚高山和高山草甸有分布。全草可入药。

【最佳观赏时间】7～8 月。

【推荐观赏指数】★★★★

各论 甘青老鹳草 ^^^^^^^^^^^^

179

千屈菜

Lythrum salicaria L.

千屈菜科 Lythraceae

千屈菜属 *Lythrum*

藏文名: ཆན་ཚོས་ཆེ།　**别名:** 水枝柳、水柳、对叶莲、败毒莲、乌鸡腿、铁菱角、水槟榔、垛子草、败毒草、鸡骨草、对芽草、红筷子、大关门草、蜈蚣草、对叶草、对牙草、毛千屈菜、绒毛千屈菜、水枝锦、短瓣千屈菜、水芝锦、西如音-其其格

【**形态特征**】多年生草本，高 0.3～1 米。茎直立，多分枝，全株青绿色，略被粗毛或密被绒毛，枝通常具 4 棱。叶对生或三叶轮生，披针形或阔披针形，顶端钝形或短尖，基部圆形或心形，有时略抱茎，全缘，无柄。花组成小聚伞花序，簇生，因花梗及总梗极短，因此花枝全形似一大型穗状花序；苞片阔披针形至三角状卵形，长 5～12 毫米；萼筒长 5～8 毫米，有纵棱 12 条，稍被粗毛，裂片 6，三角形；附属体针状，直立，长 1.5～2 毫米；花瓣 6，红紫色或淡紫色，倒披针状长椭圆形，基部楔形，长 7～8 毫米，着生于萼筒上部，有短爪，稍皱缩；雄蕊 12，6 长 6 短，伸出萼筒之外；子房 2 室，花柱长短不一。蒴果扁圆形。

【**分布及用途**】汶川、理县、茂县、松潘、九寨沟、黑水、康定、泸定等市县海拔 2 500～5 000 米的河岸、湖畔、溪沟边和潮湿草地有分布。全草可入药。

【**最佳观赏时间**】7～8 月。

【**推荐观赏指数**】★★★★

柳 兰

Chamerion angustifolium (Linnaeus) Holub

柳叶菜科 Onagraceae
柳叶菜属 *Epilobium*

藏文名：རྩི་དུག་ཤུང་དམར་པོ།　　藏文音译名：噢迪纳玛布　　别名：铁筷子、火烧兰、糯芋

【形态特征】多年生草本，高 0.2～2 米，直立，丛生。茎粗 2～10 毫米，不分枝或上部分枝，圆柱状，无毛。叶螺旋状互生，稀近基部对生，无柄，茎下部的近膜至，披针状长圆形至倒卵形。花序总状，直立，长 5～40 厘米，无毛；苞片下部的叶状，长 2～4 厘米，上部的很小，三角状披针形，长不及 1 厘米。花在芽时下垂，到开放时直立展开；花蕾倒卵状；子房淡红色或紫红色，被贴生灰白色柔毛；花梗长 0.5～1.8 厘米；花管缺；萼片紫红色，长圆状披针形，先端渐狭渐尖，被灰白柔毛；粉红至紫红色，稀白色，不等大，上面 2 枚较长、大，倒卵形或狭倒卵形，全缘或先端具浅凹缺；花药长圆形，初期红色，开裂时变紫红色，产生带蓝色的花粉；花柱开放时强烈反折，后恢复直立，下部被长柔毛；柱头白色，深 4 裂，裂片长圆状披针形，上面密生小乳突。蒴果长，密被贴生的白灰色柔毛；果梗长 0.5～1.9 厘米；种子狭倒卵状，先端短渐尖，具短喙，褐色，表面近光滑但具不规则的细网纹；种缨灰白色，不易脱落。

【分布及用途】汶川、理县、松潘、金川、黑水、马尔康、阿坝、康定、泸定、九龙、道孚、炉霍、甘孜、德格、石渠、理塘、稻城等市县海拔 500～4 700 米的山区半开旷或开旷湿润草坡灌丛、火烧迹地、高山草甸、河滩、砾石坡有分布。全草可入药。

【最佳观赏时间】6～9 月。

【推荐观赏指数】★★★★★

栾 树

Koelreuteria paniculata Laxm.

无患子科 Sapindaceae
栾树属 *Koelreuteria*

藏文名：ཤིན་ཆུ་རེ།　别名：灯笼树、摇钱树、大夫树、灯笼果、黑叶树、石栾树、黑色叶树、栾华、木栾、马安乔

【形态特征】落叶乔木或灌木，高达 10 米。树皮厚，灰褐色至灰黑色，老时纵裂；小枝有柔毛，具疣点，叶轴、叶柄均被皱曲的短柔毛或无毛。叶丛生于当年生枝上，平展、一回、不完全二回羽状复叶，长可达 50 厘米；小叶 7～18，对生或互生，纸质，卵形、阔卵形至卵状披针形，长 3～10 厘米，宽 3～6 厘米。聚伞圆锥花序顶生，密被微柔毛，分枝长而广展；苞片狭披针形，被小粗毛；花淡黄色，稍芬芳。萼裂片卵形，边缘具腺状缘毛，呈啮蚀状；花瓣 4，开花时向外反折，线状长圆形，被长柔毛，瓣片基部的鳞片初时黄色，开花时橙红色，参差不齐的深裂，被疣状皱曲的毛；雄蕊 8，花丝下半部密被白色、开展的长柔毛；花盘偏斜，有圆钝小裂片；子房三棱形，除棱上具缘毛外无毛，退化子房密被小粗毛。蒴果圆锥形，顶端渐尖，果瓣卵形，外面有网纹，内面平滑且略有光泽；种子近球形。

【分布及用途】理县、茂县、金川、小金、黑水、马尔康、康定、泸定、丹巴、九龙、雅江、稻城等市县海拔 1 500～2 600 米的杂木林、灌木林有分布。叶可作蓝色染料；花供药用，亦可作黄色染料。

【最佳观赏时间】6～8 月。

【推荐观赏指数】★★★★★

蜀 葵
Althaea rosea Linnaeus

锦葵科 Malvaceae
蜀葵属 *Althaea*

藏文名: པོ་ལུམ་མེ་ཏོག་དམར་པོ། 藏文音译名: 珀将 别名: 大蜀季、戎葵、吴葵、淑气花、一丈红、麻杆花、棋盘花、栽秧花、斗蓬花

【形态特征】二年生草本，高达 2.5 米。茎直立，不分枝，茎枝密被刺毛。叶互生，近于圆心形，有时呈掌状 5～7 浅裂或波状棱角，裂片三角形或圆形，直径 6～15 厘米，边缘有齿；叶柄长 6～15 厘米；托叶卵形，顶端具 3 尖。花腋生，单生或近簇生，排列成总状花序式，具叶状苞片，花大，直径 6～9 厘米，有红、紫、白、黄及黑紫等各色，单瓣或重瓣；小苞片 6～7，基部合生；萼钟形，5 齿裂；花瓣倒卵状三角形，爪有长髯毛；雄蕊多数，花丝连合成筒；子房多室，每室有胚珠 1 个。果盘状，熟时心皮自中轴分离。

【分布及用途】松潘、金川、马尔康、康定、泸定等市县海拔 500～3 000 米均有分布，并广泛栽培。种子可榨油，全草亦可入药。

【最佳观赏时间】2～8 月。

【推荐观赏指数】★★★★★

狼 毒

Stellera chamaejasme Linn.

瑞香科 Thymelaeaceae

狼毒属 *Stellera*

藏文名：རེ་ལྕག་པ། 藏文音译名：热加巴

别名：馒头花、燕子花、拔萝卜、断肠草、火柴头花、狗蹄子花、瑞香狼毒

【形态特征】多年生草本，高 0.2～0.5 米。茎直立，丛生，不分枝，绿色，有时带紫色，无毛，草质，基部木质化，有时具棕色鳞片。叶互生，稀对生或近轮生，薄纸质，披针形或长圆状披针形。头状花序紧密，顶生，圆球形；具绿色叶状总苞片；无花梗；花白色、黄色至带紫色，芳香，雄蕊 10；具绿色叶状总苞片；无花梗；花萼筒细瘦，具明显纵脉，基部略膨大，无毛，裂片 5，常具紫红色的网状脉纹；雄蕊 10，2 轮，下轮着生花萼筒的中部以上，上轮着生于花萼筒的喉部，花药微伸出，花丝极短，花药黄色，线状椭圆形；花盘一侧发达，线形，顶端微 2 裂；子房椭圆形，几无柄，上部被淡黄色丝状柔毛，花柱短，柱头头状，顶端微被黄色柔毛。果实圆锥形，上部或顶部有灰白色柔毛，为宿存的花萼筒所包围；种皮膜质，淡紫色。

【分布及用途】理县、茂县、松潘、金川、小金、黑水、马尔康、壤塘、阿坝、若尔盖、红原、甘孜、康定、泸定、九龙、雅江、道孚、德格、石渠、色达、理塘、乡城、稻城、得荣等市县海拔 2 600～4 200 米的干燥向阳的草坡、河滩台地有分布。有毒，根可入药。

【最佳观赏时间】 5～8 月。

【推荐观赏指数】★★★★

荠

Capsella bursa-pastoris (Linn.) Medic.

十字花科 Brassicaceae
荠属 *Capsella*

藏文名： སོག་ཀ་པ། **藏文音译名**：苏嘎哇

别名：扁锅铲菜、荠荠菜、地丁菜、地菜、烟盒草、靡草、花花菜、菱角菜

【形态特征】一年生或二年生草本，高 0.3～0.4 米。茎直立，分枝。基生叶丛生，羽状深裂；茎生叶长圆形或线状披针形，边缘有缺刻或锯齿，或近于全缘，叶两面生有单一或分枝的细柔毛，边缘疏生白色长睫毛。总状花序顶生及腋生，果期延长达 20 厘米；花梗长 3～8 毫米；萼片长圆形，长 1.5～2 毫米；花瓣白色，卵形，长 2～3 毫米，有短爪。短角果倒三角形或倒心状三角形，长 5～8 毫米，宽 4～7 毫米，扁平，无毛，顶端微凹，裂瓣具网脉；花柱长约 0.5 毫米；果梗长 5～15 毫米。

【分布及用途】汶川、理县、松潘、金川、小金、马尔康、阿坝、若尔盖、红原、康定、泸定、九龙、甘孜、德格、理塘、巴塘、乡城、稻城等市县海拔 2 500～3 500 米的山坡、田边及路旁有分布。全草可入药，嫩茎叶可作蔬菜食用。

【最佳观赏时间】5～6 月。

【推荐观赏指数】★★

十字花科 Brassicaceae
碎米荠属 Cardamine

紫花碎米荠
Cardamine tangutorum O.E.Schulz

藏文名：ཆུ་རུག་པ།　藏文音译名：曲如巴　别名：石芥菜

【形态特征】多年生草本，高 0.15～0.5 米。茎单一，不分枝。基生叶有长叶柄，小叶 3～5 对，顶生小叶与侧生小叶的形态和大小相似，长椭圆形；茎生叶通常只有 3 枚，着生于茎的中、上部，有叶柄。总状花序，有 10 朵以上花，花梗长 10～15 毫米；外轮萼片长圆形，内轮萼片长椭圆形，基部囊状，长 5～7 毫米，边缘白色膜质，外面带紫红色，有少数柔毛；花瓣紫红色或淡紫色，倒卵状楔形，长 8～15 毫米，顶端截形，基部渐狭成爪；花丝扁而扩大、花药狭卵形；雌蕊柱状，无毛，花柱与子房近于等粗，柱头不显著。长角果线形，扁平，基部具长约 1 毫米的子房柄，果梗直立；种子长椭圆形，褐色。

【分布及用途】红原、若尔盖、黑水、理县、松潘、阿坝、茂县、卧龙、小金、汶川、马尔康等市县海拔 2 100～4 400 米的山沟草地及林下阴湿处有分布。全草可食用，亦可供药用。

【最佳观赏时间】5～7 月。

【推荐观赏指数】★★★★

各论

紫花碎米荠 ^^^^^^^^^^^^

珠芽蓼

Polygonum viviparum L.

蓼科 Polygonaceae
蓼属 *Polygonum*

藏文名：རམ་བུ།　藏文音译名：然普　别名：猴娃七、山高粱、蝎子七、剪刀七、染布子、转珠莲、石风丹、一口血、野高粱

【形态特征】多年生草本，高 0.15～0.6 米。茎直立，不分枝，通常 2～4 条。基生叶长圆形或卵状披针形，顶端尖或渐尖，基部圆形、近心形或楔形，两面无毛，外卷，具长叶柄；茎生叶较小披针形，近无柄，茎上部的叶不抱茎。总状花序呈穗状，顶生，紧密，下部生珠芽；苞片卵形，膜质，每苞内具 1～2 花；花梗细弱；花被 5 深裂，白色或淡红色；花被片椭圆形，长 2～3 毫米；雄蕊 8，花丝不等长；花柱 3，下部合生，柱头头状。瘦果卵形，具 3 棱，深褐色，有光泽，长约 2 毫米，包于宿存花被内。

【分布及用途】汶川、理县、茂县、松潘、九寨沟、金川、小金、黑水、马尔康、壤塘、阿坝、若尔盖、红原、甘孜、康定、泸定、丹巴、九龙、雅江、道孚、德格、石渠、色达、理塘、巴塘、乡城、稻城等市县海拔 1 200～5 100 米的山坡、林下、草地有分布。根及根茎可入药。

【最佳观赏时间】5～7 月。

【推荐观赏指数】★★★

圆穗蓼
Polygonum macrophyllum D. D

蓼科 Polygonaceae
蓼属 *Polygonum*

藏文名: ལག་ཁྲུད། 　藏文音译名: 拉冈 　别名: 羊羔花、猴子七、迷丽、弓腰老、头花蓼、圆穗拳参、圆锥蓼、大叶蓼、球穗蓼

【形态特征】多年生草本，高 0.08～0.3 米。茎直立，不分枝，2～3 条自根状茎发出。基生叶长圆形或披针形，顶端急尖，基部近心形，不下延，上面绿色，下面灰绿色，有时疏生柔毛，边缘叶脉增厚，外卷；茎生叶较小狭披针形或线形，叶柄短或近无柄；托叶鞘筒状，膜质，下部绿色，上部褐色，顶端偏斜，开裂，无缘毛。总状花序呈短穗状，紧密不生珠芽，顶生，长 1.5～2.5 厘米，直径 1～1.5 厘米；苞片膜质，卵形，顶端渐尖，长 3～4 毫米，每苞内具 2～3 花；花梗细弱，顶部具关节，比苞片长；花被 5 深裂，淡红色或白色，花被片椭圆形，长 2.5～3 毫米；雄蕊 8，比花被长，花药黑紫色；花柱 3，基部合生，柱头头状。瘦果卵形，具 3 棱，黄褐色，有光泽，包于宿存花被内。

【分布及用途】理县、松潘、金川、小金、黑水、马尔康、壤塘、阿坝、若尔盖、红原、甘孜、康定、泸定、九龙、雅江、道孚、炉霍、新龙、德格、白玉、石渠、色达、理塘、巴塘、乡城、稻城等市县海拔 2 300～5 000 米的山坡草地、高山草甸有分布。根茎或全草可入药。

【最佳观赏时间】7～8 月。

【推荐观赏指数】★ ★ ★

蓼科 Polygonaceae
蓼属 *Polygonum*

华 蓼

Polygonum cathayanum A. J. Li

藏文名:ནྲ་ལོ།   藏文音译名:呐罗

【形态特征】多年生草本,高 0.5～0.8 米。茎直立,上部分枝,具纵棱,无毛。叶椭圆状披针形,顶端渐尖,基部宽楔形,边缘具短缘毛,两面被疏柔毛;叶柄被疏柔毛。花序圆锥状,顶生,长 10～15 厘米,分枝开展,被疏柔毛;苞片膜质,卵形,被疏柔毛,每苞内具 2～3 花;花梗无关节,比苞片短;花被 5 深裂,白色,花被片倒卵形,不等大,长 3～3.5 毫米;雄蕊 8,比花被短,花药黄色;花柱 3,长约 0.5 毫米,柱头头状。瘦果卵形,具 3 棱,长约 3.5 毫米,与宿存花被近等长。

【分布及用途】理县、金川、小金、黑水、马尔康、壤塘、阿坝、红原、甘孜、康定、雅江、道孚、炉霍、德格、白玉、石渠、色达、理塘、巴塘、乡城、稻城等市县海拔 3 000～4 600 米的山坡草地、山顶草甸、山谷灌丛有分布。根或全草可入药。

【最佳观赏时间】7～8 月。

【推荐观赏指数】★★★

各论

华 蓼

199

荞 麦

Fagopyrum esculentum Moench

蓼科 Polygonaceae

荞麦属 *Fagopyrum*

藏文名：བྲ་བོ།　藏文音译名：渣窝　别名：甜荞、乌麦、三角麦、花荞、荞子、花麦、净物草、南荞、普通荞麦、学肠草、野荞麦、莜麦

【形态特征】一年生草本，高 0.3～0.9 米。茎直立，上部分枝，绿色或红色，具纵棱，无毛或于一侧沿纵棱具乳头状突起。叶三角形或卵状三角形，长 2.5～7 厘米，宽 2～5 厘米，顶端渐尖，基部心形，两面沿叶脉具乳头状突起；下部叶具长叶柄，上部较小近无梗；托叶鞘膜质，短筒状，长约 5 毫米，顶端偏斜，无缘毛，易破裂脱落。花序总状或伞房状，顶生或腋生，花序梗一侧具小突起；苞片卵形，长约 2.5 毫米，绿色，边缘膜质，每苞内具 3～5 花；花梗比苞片长，无关节；花被 5 深裂，白色或淡红色，花被片椭圆形；雄蕊 8，比花被短，花药淡红色；花柱 3，柱头头状。瘦果卵形，具 3 锐棱，顶端渐尖，暗褐色。

【分布及用途】理县、松潘、金川、小金、马尔康、康定、泸定、九龙等市县海拔 600～4 100 米的山坡草地、高山草甸有分布，也有栽培。种子、根、茎可入药，种子可供食用。

【最佳观赏时间】5～9 月。

【推荐观赏指数】★★★

鸡爪大黄

Rheum tanguticum Maxim. ex Regel

蓼科 Polygonaceae
大黄属 *Rheum*

藏文名：ꠌꠟ་ꠌꠅ།　藏文音译名：炯札　别名：唐古特大黄、将军、锦纹大黄

【形态特征】多年生高大草本，高 1.5～2 米。茎直立，光滑无毛或上部的节处具粗糙短毛。茎生叶大型，叶片近圆形或及宽卵形，长 30～60 厘米，顶端窄长急尖，基部略呈心形，通常掌状 5 深裂，叶上面具乳突或粗糙，下面具密短毛；叶柄近圆柱状，与叶片近等长，被粗糙短毛；茎生叶较小，叶柄亦较短，裂片多更狭窄；托叶鞘大型，以后多破裂，外面具粗糙短毛。大型圆锥花序，顶生，不被叶或苞片所遮盖，分枝较紧聚，花小，紫红色稀淡红色；花梗丝状，长 2～3 毫米，关节位于下部；花被片近椭圆形，内轮较大，长约 1.5 毫米；雄蕊多为 9，不外露；花盘薄并与花丝基部连合成极浅盘状；子房宽卵形，花柱较短，平伸，柱头头状。果实矩圆状卵形到矩圆形，顶端圆或平截，基部略心形，纵脉近翅的边缘。种子卵形，黑褐色。

【分布及用途】松潘、马尔康、若尔盖、丹巴、道孚、德格、石渠等市县海拔 1 600～3 600 米的高山、沟谷、牧场有分布。根及根茎可入药。

【最佳观赏时间】6～7 月。

【推荐观赏指数】★ ★ ★

各
论

鸡爪大黄
∧∧∧∧∧∧∧∧∧

滇边大黄
Rheum delavayi Franch.

蓼科 Polygonaceae
大黄属 Rheum

藏文名：ཆུ་རྩི་གོང་པ།　藏文音译名：齐孜果巴　别名：岩三七、沙七、白小黄、打堵吴拍

【形态特征】多年生矮小草本，高 0.15～0.3 米。茎直立，通常实心无空腔，茎有明显的节与节间，常暗紫，被稀疏短毛。基生叶 2～4 片，叶片近革质，矩圆状椭圆形或卵状椭圆形；叶柄细，半圆柱状，与叶片等长或稍长，此外紫色，被淡棕色短毛；茎生叶 1～2 片，上部叶腋常具花序枝，叶片较小。圆锥花序，窄长，只一次分枝，常紫色，被短硬毛；花 3～4 簇生，花较大而花被开展；花梗细长，关节位于下部，花被片长椭圆形，外轮 3 片较小，内轮 3 片较大，边缘深红紫色，仅外面中央部分绿色；雄蕊 9，稀较少，花丝短，基部扁阔，与花盘粘连，紫色，花药宽椭圆到近球状，亦紫色；花盘薄，略呈瓣状；子房倒卵形，绿色，花柱反曲，柱头扁头状，紫色。果实心状圆形或稍扁圆形，顶端圆阔，中间具"V"字形小凹，基部心形，纵脉在翅的中部以内，靠近种子；种子卵形。

【分布及用途】金川、壤塘、康定、九龙、雅江、新龙、德格、白玉、理塘、乡城、稻城等市县海拔 3 000～4 800 米的高山石砾、草丛有分布。全草可入药。

【最佳观赏时间】6～7 月。

【推荐观赏指数】★★

各论

滇边大黄 ∧∧∧∧∧∧∧∧∧∧∧

205

石竹科 Caryophyllaceae
孩儿参属 Pseudostellaria

蔓孩儿参

Pseudostellaria davidii (Franch.) Pax

藏文名：བན་དཀའི་ཤེར་ཆེན།　别名：蔓假繁缕、蔓生太子参、蔓孩儿拳、蔓假繁蔓、太子参、孩儿参、哲乐图-毕其乐-奥日好代

【形态特征】多年生草本，长 0.6~0.8 米。茎匍匐，细弱，稀疏分枝。叶片卵形或卵状披针形，顶端急尖，基部圆形或宽楔形，具极短柄，边缘具缘毛。开花受精花单生于茎中部以上叶腋；花梗细，被 1 列毛；萼片 5，披针形，长约 3 毫米，外面沿中脉被柔毛；花瓣 5，白色，长倒卵形，全缘，比萼片长 1 倍；雄蕊 10，花药紫色，比花瓣短；花柱 3，稀 2。闭花受精花腋生；花梗长约 1 厘米，被毛；萼片 4，狭披针形，长约 3 毫米，被柔毛；雄蕊退化；花柱 2。蒴果宽卵圆形，稍长于宿存萼；种子圆肾形或近球形，直径约 1.5 毫米，表面具棘凸。

【分布及用途】汶川、小金、马尔康、若尔盖、红原、康定、泸定、九龙、雅江、稻城等市县海拔 3 000~3 800 米的混交林、杂木林、溪旁、林缘石质坡等处有分布。块根可入药。

【最佳观赏时间】5~7 月。

【推荐观赏指数】★★★

各论

蔓孩儿参 ∧∧∧∧∧∧∧∧∧∧∧∧

卷 耳

Cerastium arvense L.

石竹科 Caryophyllaceae
卷耳属 *Cerastium*

藏文名：དངལ་ཏིག་དམན་པ།　藏文音译名：欧斗曼巴

别名：狭叶卷耳、细叶卷耳、无毛卷耳、婆婆指甲菜

【形态特征】多年生疏丛草本，高 0.10～0.35 米，植株被腺毛。茎基部匍匐，上部直立，绿色并带淡紫红色，下部被下向的毛，上部混生腺毛。叶片线状披针形或长圆状披针形，顶端急尖，基部楔形，抱茎，被疏长柔毛。聚伞花序顶生，具 3～7 花；苞片披针形，草质，被柔毛，边缘膜质；花梗细，长 1～1.5 厘米，密被白色腺柔毛；萼片 5，披针形，长约 6 毫米，顶端钝尖，边缘膜质，外面密被长柔毛；花瓣 5，白色，倒卵形，比萼片长 1 倍或更长，顶端 2 裂深达 1/4～1/3；雄蕊 10，短于花瓣；花柱 5，线形。蒴果长圆形，长于宿存萼 1/3，顶端倾斜，10 齿裂；种子肾形，褐色，略扁，具瘤状凸起。

【分布及用途】理县、松潘、黑水、马尔康、若尔盖、红原、康定、泸定、九龙、雅江、乡城、稻城等市县海拔 1 200～2 600 米的高山草地、林缘或丘陵区有分布。全草可入药。

【最佳观赏时间】5～8 月。

【推荐观赏指数】★★★

千针万线草

Stellaria yunnanensis Franch.

石竹科 Caryophyllaceae
繁缕属 *Stellaria*

藏文名: ཆན་ཙུན་བན་ཀན་ཚོ།　　**别名:** 云南繁缕、筋骨草、麦参、小胖药、大鹅肠菜

【形态特征】多年生草本,高 0.3～0.8 米。茎直立,圆柱形,不分枝或分枝,无毛或被稀疏长硬毛。叶对生,无柄,叶片披针形或条状披针形,多集生于茎的中下部,最下部的稍小,中部的大,顶端渐尖,基部圆形或稍渐狭,中脉背面凸出,边缘具稀疏缘毛。二歧聚伞花序,疏散,无毛;苞片披针形,顶端渐尖,边缘膜质,透明;花梗细,直伸或稍下弯,长 1～2 厘米,果时更长;萼片披针形,顶端渐尖,边缘膜质,具明显 3 脉;花瓣 5,白色,稍短于萼片,2 深裂几达基部,裂片狭线形;雄蕊 10;子房卵形,具多数胚珠;花柱 3,线形。蒴果卵圆形;种子褐色,肾脏形,略扁,具稀疏瘤状凸起。

【分布及用途】汶川、小金、马尔康、红原、甘孜、康定、泸定、雅江、道孚、德格、乡城等市县海拔 1 800～3 300 米的丛林或林缘岩石间有分布。全草可入药。

【最佳观赏时间】7～8 月。

【推荐观赏指数】★★★

瞿 麦

Dianthus superbus L.

石竹科 Caryophyllaceae
石竹属 *Dianthus*

藏文名：ༀ ་ ་ ་ ་ ་ ་ ་ ་ ་ ་ ་ ་ ་

藏文音译名：噢甲措俄巴　　别名：野麦、石柱花、十样景花、巨麦、淋症草

【形态特征】多年生草本，高 0.5～0.6 米，有时更高。茎丛生，直立，绿色，无毛，上部分枝。叶片线状披针形，基部合生成鞘状，绿色，有时带粉绿色。花 1 或 2 朵生枝端，有时顶下腋生；苞片 2～3 对，倒卵形，长约为花萼 1/4，顶端长尖；花萼圆筒形，长 2.5～3 厘米，常染紫红色晕，萼齿披针形，长 4～5 毫米；花瓣淡红色或带紫色，稀白色，长 4～5 厘米，爪长 1.5～3 厘米，包于萼筒内，瓣片宽倒卵形，边缘繸裂至中部或中部以上，喉部具丝毛状鳞片；雄蕊和花柱微外露。蒴果圆筒形，与宿存萼等长或微长，顶端 4 裂；种子扁卵圆形，黑色，有光泽。

【分布及用途】汶川、理县、茂县、松潘、九寨沟、金川、小金、黑水、马尔康、壤塘、阿坝、若尔盖、红原、甘孜、康定、泸定、九龙、雅江、道孚、炉霍、色达等市县海拔 400～3 700 米的丘陵山地疏林、林缘、草甸、沟谷溪边有分布。全草可入药。

【最佳观赏时间】6～9 月。

【推荐观赏指数】★★★★★

仙人掌

仙人掌科 Cactaceae
仙人掌属 *Opuntia*

Opuntia stricta (Haw.) Haw. var. *dillenii* (Ker-Gawl.) Benson

藏文名：ད་བང་ལག་ག།   藏文音译名：旺呐   别名：仙人球、仙桃、半天仙、扁金刚、刺球、观音掌、野仙人掌、神仙掌、火焰、观音刺、霸王树、火掌、仙巴掌、玉芙蓉

【形态特征】多年生丛生肉质半灌木、灌木，高 0.5～1.5 米。上部分枝宽倒卵形、倒卵状椭圆形或近圆形，先端圆形，边缘通常不规则波状，基部楔形或渐狭，绿色至蓝绿色，无毛；倒刺刚毛暗褐色，直立，多少宿存；短绵毛灰色，短于倒刺刚毛，宿存。花辐状；花托倒卵形，基部渐狭，绿色；萼状花被黄色，具绿色中肋；花丝淡黄色，花药黄色，花柱淡黄色；柱头黄白色。浆果倒卵球形，顶端凹陷，表面平滑无毛，紫红色，倒刺刚毛和钻形刺；种子多数，扁圆形，边缘稍不规则，无毛，淡黄褐色。

【分布及用途】理县、康定、泸定、阿坝等市县海拔 500～2 000 米的炎热、干旱地带有分布。全株可入药，果球亦可食用。

【最佳观赏时间】6～10 月。

【推荐观赏指数】★★★

秦巴点地梅

Androsace laxa C. M. Hu et Yung C. Yang

报春花科 Primulaceae
点地梅属 *Androsace*

藏文名：ཤ་ཏིག་ནག་པོ།　藏文音译名：嘎斗那保

【形态特征】多年生草本，高约 0.2 米。植株由生于根出条上的叶丛形成疏丛。叶 2 型，外层叶匙形或倒披针形，长 2.5～6 毫米，多少被柔毛；内层叶椭圆形或近圆形，长 3～9 毫米，先端钝或近圆，基部短渐窄，两面被柔毛；叶柄长 3～7 毫米，具窄翅。花葶高 1.5～5.5 厘米，被长柔毛；伞形花序 3～8 花；苞片披针形，长 2～3.5 毫米，被稀疏柔毛及缘毛；花梗长 2.5～5 毫米，果时长达 8 毫米，被疏长柔毛；花萼钟状，长约 2.5 毫米，疏被柔毛，分裂达中部，裂片卵形，先端钝，具缘毛；花冠粉红色，径 5～6 毫米，裂片倒卵圆形，先端近圆。蒴果长圆形。

【分布及用途】茂县、松潘、九寨沟、红原、若尔盖等县海拔 2 700～3 600 米的山坡林缘和岩石上有分布。

【最佳观赏时间】6～7 月。

【推荐观赏指数】★★★

圆瓣黄花报春

Primula orbicularis Hemsl.

报春花科 Primulaceae

报春花属 *Primula*

藏文名：གནང་རྩི་ལ་དཀར་པོ།　藏文音译名：向朱嘎布　别名：圆叶报春

【形态特征】多年生草本，高 0.3～0.6 米。叶丛生，外轮少数叶片椭圆形，向内渐变成矩圆状披针形或披针形，先端钝或锐尖，基部渐狭窄，边缘常极窄外卷，近全缘或具细齿，叶柄具宽翅。花葶高 10～50 厘米，近顶端被乳黄色粉；伞形花序 1 轮，具 4 至多花；苞片自三角形的基部渐尖成披针形或钻形，长 5～18 毫米；花梗长 5～20 毫米，被淡黄色粉，开花时下弯，果时直立，长可达 7.5 厘米；花萼钟状，长 7～12 毫米，外面被小腺体，内面密被淡黄色粉，分裂深达中部，裂片矩圆状披针形，先端稍钝；花冠鲜黄色，稀乳黄色或白色，冠筒长 12～14 毫米，喉部具环状附属物，冠檐直径 1.8～2.5 厘米，裂片近圆形至矩圆形，全缘。蒴果筒状。

【分布及用途】红原、松潘、金川、小金、黑水、马尔康、道孚、德格、石渠、色达、稻城等市县海拔 3 100～4 500 米的高山草地、高山石滩、阴坡碎石堆、草甸和溪边有分布。

【最佳观赏时间】6～7 月。

【推荐观赏指数】★★★★

报春花科 Primulaceae

报春花属 *Primula*

甘青报春

Primula tangutica Duthie

藏文名：གང་རིལ་སྐྱུག་པོ། 藏文音译名：相直莫保 别名：唐古特报春

【形态特征】多年生草本，高 0.3～0.6 米。叶椭圆形、椭圆状倒披针形至倒披针形，先端钝圆或稍锐尖，基部渐狭窄，边缘具小齿，稀近全缘，干时坚纸质，两面均有褐色小腺点。花葶稍粗壮，通常高 20～60 厘米；伞形花序 1～3 轮，每轮 5～9 花；苞片线状披针形，长 6～15 毫米；花梗长 1～4 厘米，被微柔毛，开花时稍下弯；花萼筒状，长 1～1.3 厘米，裂片三角形或披针形，边缘具小缘毛；花冠朱红色，裂片线形，长 7～10 毫米，宽约 1 毫米；雄蕊着生处约与花萼等高，花柱长约 2 毫米。蒴果筒状，长于宿存花萼 3～5 毫米。

【分布及用途】茂县、松潘、黑水、马尔康、阿坝、红原、若尔盖、道孚、炉霍、德格、稻城等市县海拔 3 100～4 500 米的高山草地、草甸和溪边有分布。全草可入药。

【最佳观赏时间】6～7 月。

【推荐观赏指数】★★★

雅江报春

Primula munroi Lindl. subsp. yargongensis (Petitm.) D. G.

报春花科 Primulaceae
报春花属 *Primula*

藏文名:གང་དྲིལ་སྲུག་ཆུང་།　藏文音译名:向朱木邛　别名:花苞报春、大总苞报春

【形态特征】多年生草本,高 0.15～0.25 米,全株无粉。叶片卵形、矩圆形或近圆形,长 1～3.5 厘米,宽 5～22 毫米,先端钝或圆形,基部楔形、圆形或近心形,全缘或具不明显的稀疏小牙齿;叶柄纤细。花葶高 10～30 厘米;伞形花序 2～6 花,极少出现第 2 轮花序;苞片卵状披针形,长 8～15 毫米,宽 1.5～4 毫米;花萼狭钟状,长 5～7 毫米,明显具 5 棱,绿色,分裂深达全长的 1/3 或更深,裂片披针形或三角形;花冠淡红色或淡紫色,冠筒口周围黄色,喉部具环状附属物,冠筒长于花萼 1 倍,冠檐直径 1.5～2 厘米,裂片倒卵形,先端深 2 裂;长花柱花:冠筒长 10～12 毫米,雄蕊着生处距冠筒基部约 4 毫米,花柱微伸出筒口;短花柱花:冠筒长 12～14 毫米;雄蕊着生于冠筒上部,花药顶端平冠筒口,花柱微短于花萼。蒴果长圆体状,稍短于花萼。

【分布及用途】汶川、松潘、黑水、马尔康、阿坝、康定、泸定、九龙、道孚、巴塘、乡城、稻城等市县海拔 3 000～4 500 米的山坡湿草地、草甸、沼泽地有分布。

【最佳观赏时间】6～8 月。

【推荐观赏指数】★★★★

雪层杜鹃

Rhododendron nivale Hook. f.

杜鹃花科 Ericaceae
杜鹃属 *Rhododendron*

藏文名：ད་ལེ་ནག་པོ།　　藏文音译名：达勒那保

【形态特征】常绿小灌木，高达 0.9~1.2 米，常平卧成垫状。幼枝密被黑锈色鳞片。叶革质，椭圆形、卵形或近圆形，长 0.4~1.2 厘米，先端无角质突尖，上面被灰白或金黄色鳞片，下面被淡金黄色和深褐色两色鳞片，淡色鳞片常较多，邻接或稍不邻接；叶柄长 0.5~3 毫米，被鳞片。花序顶生，有 1~3 花。花梗长 0.5~1.5 毫米；花萼长 2~4.5 毫米，裂片常有 1 条中央鳞片带，边缘被鳞片；花冠宽漏斗形，粉红、丁香紫或鲜紫色，长 0.7~1.6 厘米，冠筒较裂片约短 2 倍，内外均被柔毛；雄蕊 8~10，约与花冠等长，花丝近基部被柔毛；花柱常长于雄蕊，上部稍斜弯。蒴果圆形或卵圆形，长 3~5 毫米，被鳞片，具宿萼。

【分布及用途】红原、若尔盖、康定、泸定、九龙、道孚、稻城等市县海拔 3 100~4 500 米山坡灌丛草地、高山草甸、高山沼泽、湖泊岸边或林缘有分布。

【最佳观赏时间】5~8 月。

【推荐观赏指数】★ ★ ★ ★

各论　雪层杜鹃 ＾＾＾＾＾＾＾＾＾＾＾

杜鹃花科 Ericaceae
杜鹃属 *Rhododendron*

千里香杜鹃
Rhododendron thymifolium Maxim.

藏文名：ད་ལེ་ནག་པོ།　藏文音译名：达勒纳保　别名：小香柴、百里香叶杜鹃、黑香柴、百里香杜鹃

【形态特征】灌木，高 0.3～1.3 米。分枝多而细瘦，疏展或成帚状；枝条纤细，灰棕色，无毛，密被暗色鳞片。叶常聚生于枝顶，近革质，椭圆形、长圆形、窄倒卵形至卵状披针形，顶端钝或急尖，通常有短突尖，基部窄楔形。花单生枝顶或偶成双，花芽鳞常宿存；花梗长 0.5～2 毫米，密被鳞片，无毛；花萼小，环状，带红色，裂片三角形、卵形至圆形。花冠宽漏斗状，长 6～12 毫米，鲜紫蓝以至深紫色，花管短，长 2～4 毫米，外面散生鳞片或无，内面被柔毛；雄蕊 10，长 10～14 毫米，伸出花冠，花丝基部被柔毛或光滑；子房密被淡黄色鳞片，花柱短，细长，紫色，无毛或近基部被少数鳞片或毛。蒴果卵圆形，长 2～4.5 毫米，被鳞片。

【分布及用途】小金、黑水、马尔康、红原、若尔盖、甘孜、康定、九龙、雅江、道孚、德格、稻城等市县海拔 2 400～4 800 米的湿润阴坡或半阴坡、林缘、高山灌丛有分布。枝叶可作药用。

【最佳观赏时间】6～7 月。

【推荐观赏指数】★ ★ ★ ★ ★

各论　千里香杜鹃 ∧∧∧∧∧∧∧∧∧∧

麻花艽
Gentiana straminea Maxim.

龙胆科 Gentianaceae
龙胆属 *Gentiana*

藏文名：ཀྱི་ལྕེ་དཀར་པོ། 藏文音译名：解吉尕保 别名：麻花秦艽、大叶秦艽、左拧根、蓟芥

【形态特征】多年生草本，高 0.10～0.35 米，全株光滑无毛，基部被枯存的纤维状叶鞘包裹。枝多数丛生，斜升，黄绿色，稀带紫红色，近圆形。莲座丛叶宽披针形或卵状椭圆形；茎生叶小，线状披针形至线形。聚伞花序顶生及腋生，排列成疏松的花序；花梗斜伸，黄绿色，稀带紫红色，不等长；花萼筒膜质，黄绿色，一侧开裂呈佛焰苞状，甚小，钻形，稀线形，不等长；花冠黄绿色，喉部具多数绿色斑点，有时外面带紫色或蓝灰色，漏斗形，裂片卵形或卵状三角形，先端钝，全缘，褶偏斜，三角形，先端钝，全缘或边缘啮蚀形；雄蕊着生于冠筒中下部，整齐，花丝线状钻形，花药狭矩圆形；子房披针形或线形，两端渐狭，花柱线形，柱头 2 裂。蒴果内藏，椭圆状披针形，先端渐狭，基部钝；种子褐色，有光泽，狭矩圆形，表面有细网纹。

【分布及用途】阿坝、理县、松潘、小金、马尔康、若尔盖、红原、甘孜、康定、道孚、炉霍、德格、石渠、色达等市县海拔 2 000～4 900 米的高山草甸、灌丛、林下、林间空地、山沟、多石山坡及河滩地有分布，部分栽培。花、根可入药。

【最佳观赏时间】7～9 月。

【推荐观赏指数】★★★

粗茎秦艽
Gentiana crassicaulis Duthie ex Burk.

龙胆科 Gentianaceae
龙胆属 *Gentiana*

藏文名：ཀྱི་ལྕེ་ནག་པོ།　藏文音译名：解吉那保　别名：粗茎龙胆、秦艽、小秦艽、川秦艽、秦纠、左秦艽、大艽、左扭、萝卜艽、牛尾艽

【形态特征】多年生草本，高 0.3～0.4 米，全株光滑无毛，基部被枯存的纤维状叶鞘包裹。枝少数丛生，粗壮，斜升，黄绿色或带紫红色，近圆形。莲座丛叶卵状椭圆形或狭椭圆形；茎生叶卵状椭圆形至卵状披针形，愈向茎上部叶愈大，柄愈短。花多数，无花梗，在茎顶簇生呈头状，稀腋生作轮状；花萼筒膜质，一侧开裂呈佛焰苞状，先端截形或圆形，萼齿 1～5 个，甚小，锥形；花冠筒部黄白色，冠檐蓝紫色或深蓝色，内面有斑点，壶形，长 2～2.2 厘米，裂片卵状三角形，先端钝，全缘，褶偏斜，三角形，先端钝，边缘有不整齐细齿；雄蕊着生于冠筒中部，整齐，花丝线状钻形，花药狭矩圆形；子房无柄，狭椭圆形，先端渐尖，花柱线形，柱头 2 裂，裂片矩圆形。蒴果内藏，无柄，椭圆形；种子红褐色，有光泽，矩圆形，表面具细网纹。

【分布及用途】理县、金川、小金、黑水、阿坝、甘孜、康定、九龙、雅江、道孚、德格、白玉、色达、理塘、乡城、稻城等市县海拔 2 100～4 500 米的山坡草地、山坡路旁、高山草甸、撂荒地、灌丛中、林下及林缘有分布。花、根可入药。

【最佳观赏时间】6～8 月。

【推荐观赏指数】★★★

龙胆科 Gentianaceae

龙胆属 *Gentiana*

短柄龙胆
Gentiana stipitata Edgew.

藏文名：ཐང་ཆུན་སྟོན་པོ་འཐིང་བ། 藏文音译名：邦见嘎保

【形态特征】多年生草本，高 0.04～0.10 米，基部被多数枯存残茎包围。茎短，花枝多数丛生，斜升，长 7～10 厘米，黄绿色，光滑或具乳突。叶常对折，先端钝圆或渐尖；莲座丛叶发达，卵状披针形或卵形；茎生叶多对，中下部叶疏离，卵形或椭圆形，上部叶较大，密集，椭圆形、椭圆状披针形或倒卵状匙形。花单生枝顶，基部包于上部叶丛中；无花梗；花萼筒白色膜质，倒锥状筒形，裂片绿色，叶状，略不整齐，倒披针形，基部狭缩；花冠浅蓝灰色，稀白色，具深蓝灰色宽条纹，有时具斑点，宽筒形，裂片卵形，先端钝，具短小尖头，全缘，褶整齐，卵形，先端钝，全缘；雄蕊着生于冠筒中部，花丝线状钻形，花药线形；子房线状披针形，花柱线形，柱头 2 裂，裂片狭三角形。蒴果内藏，披针形，柄长至 6 毫米；种子深褐色，矩圆形，表面具浅蜂窝状网隙。

【分布及用途】马尔康、甘孜、道孚、理塘、乡城等市县海拔 3 200～4 600 米的河滩、沼泽草甸、高山灌丛草甸、高山草甸、阳坡石隙内有分布。全草可入药。

【最佳观赏时间】6～9 月。

【推荐观赏指数】★★★

各论

短柄龙胆 ∧∧∧∧∧∧∧∧∧∧∧∧

233

六叶龙胆

Gentiana hexaphylla Maxim. ex Kusnez.

龙胆科 Gentianaceae
龙胆属 *Gentiana*

藏文名：ཕང་རྒྱུག 藏文音译名：邦间

【形态特征】多年生草本，高 0.05 ~ 0.20 米，植株较粗壮。花枝多数丛生，铺散，斜升，紫红色或黄绿色，具乳突。茎生叶 6 ~ 7 枚轮生，下部叶小，卵形或披针形，中、上部叶大，由下向上逐渐密集，茎上部叶及花萼裂片线状匙形，先端钝或急尖。花单生枝顶，下部包围于上部叶丛中，6 ~ 7 数，稀 5 或 8 数；无花梗；花萼筒紫红色或黄绿色，倒锥形或倒锥状筒形，长 8 ~ 10 毫米，裂片绿色，叶状，与上部叶同形，弯缺狭，截形；花冠蓝色，具深蓝色条纹或有时筒部黄白色；筒形或狭漏斗形，长 3.5 ~ 5 厘米，喉部直径 1 ~ 1.5 厘米，裂片卵形或卵圆形，长 4.5 ~ 6 毫米，先端钝，具长 2 ~ 2.5 毫米的尾尖，边缘具明显或不明显的啮蚀形，褶整齐，截形或宽三角形，长 0.5 ~ 1.0 毫米，先端钝，边缘齿蚀形；雄蕊着生于冠筒下部，整齐，花丝钻形，花药狭矩圆形；子房线状披针形，花柱线形，柱头 2 裂，裂片外反，矩圆形。蒴果内藏，先端外露，椭圆状披针形，长 13 ~ 17 毫米；种子黄褐色，有光泽，矩圆形或卵形，具蜂窝状网隙。

【分布及用途】阿坝、松潘、九寨沟、小金、红原、康定、泸定、丹巴、道孚、稻城等市县海拔 2 700 ~ 4 400 米的山坡草地、山坡路旁、高山草甸及灌丛中有分布。 根可入药。

【最佳观赏时间】7 ~ 8 月。

【推荐观赏指数】★★★★

龙胆科 Gentianaceae | 蓝玉簪龙胆
龙胆属 *Gentiana* | *Gentiana veitchiorum* Hemsl.

藏文名：སྔོན་རྒྱན་ནགས་པོ།　　藏文音译名：邦杰差沃　　别名：丛生龙胆、双色龙胆

【形态特征】多年生草本，高 0.05～0.15 米。茎自基部分枝，花枝多数丛生，斜升。叶先端急尖，边缘粗糙；莲座丛叶发达，线状披针形；茎生叶多对，愈向茎上部叶愈密、愈长，下部叶卵形，中部叶狭椭圆形或椭圆状披针形，上部叶宽线形或线状披针形。花单生枝顶，下部包围于上部叶丛中；无花梗；花萼长为花冠的 1/3～1/2，萼筒常带紫红色，筒形，裂片与上部叶同形，弯缺截形；花冠上部深蓝色，下部黄绿色，具深蓝色条纹和斑点，稀淡黄至白色，狭漏斗形或漏斗形，裂片卵状三角形，先端急尖，全缘，褶大整齐，宽卵形，先端钝，全缘或截形，边缘啮蚀形；雄蕊着生于冠筒中下部，整齐，花丝钻形，基部连合成短筒包围子房，花药狭矩圆形；子房线状椭圆形，两端渐狭，花柱线形，柱头 2 裂，裂片线形。蒴果内藏，椭圆形或卵状椭圆形，柄细，长至 3 厘米；种子黄褐色，有光泽，矩圆形，表面具蜂窝状网隙。

【分布及用途】理县、松潘、九寨沟、金川、小金、马尔康、阿坝、若尔盖、红原、康定、泸定、道孚、甘孜、石渠、色达、理塘、巴塘、乡城、稻城等市县海拔 2 500～4 800 米的山坡草地、河滩、高山草甸、灌丛及林下有分布。花、根及根茎可以入药。

【最佳观赏时间】6～9 月。

【推荐观赏指数】★ ★ ★ ★

各论

蓝玉簪龙胆

线叶龙胆

Gentiana lawrencei var. farreri
(I. B. Balfour) T. N. Ho

龙胆科 Gentianaceae
龙胆属 *Gentiana*

藏文名：ཕང་རྒྱན་སྔོན་པོ།　藏文音译名：邦间恩布　别名：胆草、草龙胆、山龙胆

【形态特征】多年生草本，高 0.05～0.10 米。花枝多数丛生，铺散，斜升，黄绿色，光滑。叶先端急尖，边缘平滑或粗糙；茎生叶多对，愈向茎上部叶愈密、愈长，下部叶狭矩圆形，中、上部叶线形，稀线状披针形。花单生于枝顶，基部包围于上部茎生叶丛中；花梗常极短；花萼长为花冠之半，萼筒紫色或黄绿色，筒形，裂片与上部叶同形，弯缺截形；花冠上部亮蓝色，下部黄绿色，具蓝色条纹，无斑点，倒锥状筒形，裂片卵状三角形，先端急尖，全缘，褶整齐，宽卵形，先端钝，边缘啮蚀形；雄蕊着生于冠筒中部，整齐，花丝钻形，基部连合成短筒包围子房，花药狭矩圆形；子房线形，两端渐狭，花柱线形，柱头 2 裂，裂片外卷，线形。蒴果内藏，椭圆形，两端钝，柄细；种子黄褐色，有光泽，矩圆状，表面具蜂窝状网隙。

【分布及用途】阿坝、甘孜、道孚、色达、理塘等县海拔 2 400～4 600 米的高山草甸、灌丛中及滩地有分布。全草可入药。

【最佳观赏时间】8～9 月。

【推荐观赏指数】★★★★

青藏龙胆

Gentiana futtereri Diels et Gilg

龙胆科 Gentianaceae

龙胆属 *Gentiana*

藏文名：ब्राह्मण　藏文音译名：邦间

【形态特征】多年生草本，高 0.05～0.10 米。花枝多数丛生，铺散，斜升，黄绿色，光滑。叶先端急尖，边缘粗糙；茎生叶多对，愈向枝上部叶愈密、愈长，下部叶狭矩圆形，中、上部叶线形或线状披针形。花单生枝顶，基部包围于上部叶丛中；无花梗；花萼长为花冠的 1/2～1/3，萼筒宽筒形或倒锥状筒形，裂片与上部叶同形，弯缺截形；花冠上部深蓝色，下部黄绿色，具深蓝色条纹和斑点，稀淡黄色至白色，具淡蓝灰色斑点，倒锥状筒形，裂片卵状三角形，先端急尖，全缘；雄蕊着生于冠筒中部，整齐，花丝钻形，花药狭矩圆形；子房线形，两端渐狭，柄细，花柱线形，连柱头长 4～5 毫米，柱头 2 裂，裂片外反，矩圆形。蒴果内藏，椭圆形，两端渐狭，柄细；种子黄褐色，有光泽，宽矩圆形，表面具蜂窝状网隙。

【分布及用途】马尔康、阿坝、若尔盖、红原、甘孜、康定、道孚等市县海拔 2 800～4 400 米的山坡草地、河滩草地、高山草甸、灌丛中及林下有分布。全草可入药。

【最佳观赏时间】8～9 月。

【推荐观赏指数】★★★★★

龙胆科 Gentianaceae

龙胆属 *Gentiana*

条纹龙胆

Gentiana striata Maxim.

藏文名：ཕང་ཅུག 藏文音译名：邦间 别名：胆草、草龙胆、山龙胆、管花秦艽

【形态特征】一年生草本，高 0.1～0.3 米。茎淡紫色，直立或斜升，从基部分枝。茎生叶无柄，稀疏，长三角状披针形或卵状披针形。花单生茎顶；花萼钟形，萼筒长 1～1.3 厘米，具狭翅，裂片披针形，长 8～11 毫米，先端尖，中脉突起下延呈翅。边缘及翅粗糙，被短硬毛，弯缺圆形；花冠淡黄色，有黑色纵条纹，长 4～6 厘米，裂片卵形，长约 7 毫米，先端具尾尖、褶偏斜，截形，边缘具不整齐齿裂；雄蕊着生于冠筒中部，有长短二型，在长雄蕊花中，花丝线形，在短雄蕊花中，花丝钻形，花药淡黄色，矩圆形；子房矩圆形，花柱线形，柱头线形，2 裂，反卷。蒴果内藏或先端外露，矩圆形；种子褐色，长椭圆形，三棱状，沿棱具翅，表面具网纹。

【分布及用途】理县、茂县、松潘、九寨沟、小金、马尔康、阿坝、若尔盖、红原、甘孜、康定、道孚等市县海拔 2 200～3 900 米的山坡草地及灌丛中有分布。 全草可入药。

【最佳观赏时间】8～9 月。

【推荐观赏指数】★★★★

刺芒龙胆
Gentiana aristata Maxim.

龙胆科 Gentianaceae
龙胆属 *Gentiana*

藏文名：ཕང་རྒྱག 　藏文音译名：邦间 　别名：尖叶龙胆

【形态特征】一年生草本，高 0.03 ~ 0.1 米。茎黄绿色，光滑，在基部多分枝，枝铺散，斜上伸。基生叶大，在花期枯萎，宿存，卵形或卵状椭圆形；茎生叶对折，疏离，线状披针形。花多数，单生于小枝顶端；花梗黄绿色，花萼漏斗形，裂片线状披针形，边缘膜质，中脉绿色，草质，在背面呈脊状突起，并向萼筒下延；花冠下部黄绿色，上部蓝、深蓝或紫红色，喉部具蓝灰色宽条纹，倒锥形，长 12 ~ 15 毫米，裂片卵形或卵状椭圆形，长 3 ~ 4 毫米，褶宽矩圆形。雄蕊着生于冠筒中部，整齐，花丝丝状钻形，先端弯垂，花药弯拱，矩圆形至肾形；子房椭圆形，两端渐狭，柄粗，花柱线形，柱头狭矩圆形。蒴果外露，稀内藏，矩圆形或倒卵状矩圆形，长 5 ~ 6 毫米，有宽翅，两侧边缘有狭翅；种子黄褐色，矩圆形或椭圆形，表面具致密的细网纹。

【分布及用途】阿坝、松潘、若尔盖、红原、甘孜、康定、九龙、道孚、德格、石渠、色达等市县海拔 1 800 ~ 4 600 米的河滩草地、河滩灌丛、沼泽草地、高山草甸、灌丛草甸、林间草丛有分布。全草可入药。

【最佳观赏时间】6 ~ 9 月。

【推荐观赏指数】★★★★

各论

刺芒龙胆 ＞＞＞＞＞＞＞＞＞＞＞

反折花龙胆

Gentiana choanantha C. Marquand

龙胆科 Gentianaceae

龙胆属 *Gentiana*

藏文名：ཕང་རྒྱག   藏文音译名：邦间

【形态特征】一年生草本，高 0.02～0.06 米。茎密被乳突，从基部多分枝，枝铺散斜升。叶基部心形或圆形，突然收缩成柄；基生叶大，先端急尖；茎生叶近直立，中、下部叶卵状三角形，上部肾形或宽圆形。花数朵，单生于小枝顶端；花萼宽筒形或倒锥状筒形，萼筒膜质常带紫红色，裂片直立稀外反，肾形或宽圆形，先端圆形或截形，具外反的小尖头；花冠上部蓝色或蓝紫色，下部黄绿色，高脚杯状，较花萼长 2～3 倍，冠筒细筒形，冠檐突然膨大，裂片卵形，先端钝圆或钝，褶宽卵形，先端钝，边缘啮蚀形；雄蕊着生于冠筒中上部，整齐，花丝丝状，花药狭矩圆形；子房矩圆形或椭圆形，先端钝，基部渐狭成柄，柄粗，花柱线形，柱头 2 裂，裂片外反，宽线形。蒴果外露或内藏，矩圆形或倒卵状矩圆形，先端钝圆具宽翅，两侧边缘具狭翅；种子淡褐色，矩圆形或椭圆形，表面具致密的细网纹。

【分布及用途】理县、金川、小金、黑水、马尔康、红原、甘孜、康定、丹巴、九龙、道孚、德格、色达等市县海拔 2 700～4 500 米的山坡草地、沼泽草地、灌丛、林下、山顶草地、冰碛垄、河边及水沟边有分布。全草可入药。

【最佳观赏时间】6～8 月。

【推荐观赏指数】★★★

龙胆科 Gentianaceae
龙胆属 Gentiana

卵萼龙胆
Gentiana bryoides Burk.

藏文名：སྤང་རྒྱན། 藏文音译名：邦间

【形态特征】一年生草本，高 0.02～0.05 米。茎在基部分枝，枝疏散，直立或斜升。叶及花萼光滑，具明显的软骨质边缘。叶先端钝或急尖，具小尖头，基部渐狭；基生叶大，在花期枯萎，宿存，卵形至卵圆形；茎生叶小，开展，常密集、长于节间，匙形至倒披针形。花多数，单生于小枝顶端，下部连花梗均藏于最上部叶丛中；花萼漏斗形，直立，稀稍开展，整齐，宽卵圆形，先端钝圆，具小尖头，基部仅微收缩；花冠淡蓝色，喉部具蓝灰色短细条纹，裂片先端有小尖头，褶宽卵形，边缘有不明显细圆齿或近全缘；雄蕊着生于冠筒中下部，整齐，花丝丝状钻形，花药线状矩圆形；子房矩圆形，先端钝，基部渐狭成柄，柄粗，花柱线形，柱头 2 裂，裂片外反，粗线形。蒴果外露，矩圆形，先端圆形，有宽翅，基部钝，柄细，直立；种子卵圆形，有棱。

【分布及用途】理县、松潘、九寨沟、金川、小金、马尔康、阿坝、若尔盖、红原、康定、泸定、道孚、甘孜、石渠、色达、理塘、巴塘、乡城、稻城等市县海拔 3 200～4 500 米的高山草坡、山顶草地及林下有分布。

【最佳观赏时间】5～6 月。

【推荐观赏指数】★★★

各论 卵萼龙胆 ∧∧∧∧∧∧∧∧∧∧∧

蓝白龙胆

Gentiana leucomelaena Maxim.

龙胆科 Gentianaceae
龙胆属 *Gentiana*

藏文名：ཐང་ཆུན། 　藏文音译名：邦间

【形态特征】一年生草本，高 0.02～0.05 米。茎从基部多分枝，似丛生状，主茎不明显，枝再作二歧分枝，铺散，斜升。基生叶稍大，卵圆形或卵状椭圆形；茎生叶小，疏离，短于节间，椭圆形至椭圆状披针形。花数朵，单生于小枝顶端；花梗短，藏于最上部一对叶中或裸露，花萼钟形，先端钝，边缘膜质，狭窄，光滑，中脉细，明显或否，弯缺狭窄，截形；花冠白色或淡蓝色，外面具蓝灰色宽条纹，喉部具蓝色斑点，钟形，裂片卵形，先端钝，褶矩圆形，先端截形，具不整齐条裂；雄蕊着生于冠筒下部，整齐，花丝丝状锥形，花药矩圆形；子房椭圆形，先端钝，基部渐狭，花柱短而粗，圆柱形，柱头 2 裂，裂片矩圆形。蒴果外露或仅先端外露，倒卵圆形，先端圆形，具宽翅，两侧边缘具狭翅，基部渐狭；种子褐色，宽椭圆形或椭圆形，表面具光亮的念珠状网纹。

【分布及用途】若尔盖、红原、甘孜、康定、德格、石渠、色达等市县海拔 2 000～5 000 米的沼泽草甸、河滩草地、山坡草地、山坡灌丛、高山草甸有分布。

【最佳观赏时间】5～8 月。

【推荐观赏指数】★★★★

龙胆科 Gentianaceae | 弯茎龙胆
龙胆属 *Gentiana* | *Gentiana flexicaulis* H. Smith ex Marq.

藏文名： སྤང་རྒྱན། 藏文音译名：邦间

【形态特征】一年生草本，高 0.04～0.06 米。茎黄绿色，光滑或具细乳突。基生叶甚大，在花期不枯萎，卵状椭圆形或卵圆形；茎生叶小，2～3 对，圆匙形或匙形，愈向茎上部叶愈小，先端钝圆。花数朵，单生于小枝顶端；花梗黄绿色，密被细乳突，裸露；花萼倒锥状筒形，裂片三角状披针形，先端急尖，有小尖头，边缘膜质，光滑或具细乳突，中脉在背面突起，光滑或具细乳突，向萼筒下延，弯缺宽，截形；花冠上部亮蓝色，下部黄白色，漏斗形，长 1.0～1.9 厘米，裂片卵形，长 1.5～3 毫米，先端钝，褶卵形，长 1～2 毫米，先端钝，全缘；雄蕊着生于冠筒中下部，一般 3 长 2 短，花丝线形，花药椭圆形；子房椭圆形，两端渐狭，花柱线形，柱头 2 裂，裂片狭椭圆形。蒴果外露，稀内藏，矩圆形，两端圆形，具宽翅，两侧边缘有狭翅；柄长至 3.2 厘米；种子褐色，椭圆状三棱形，表面具不明显的细网纹。

【分布及用途】理县、茂县、松潘、九寨沟、小金、马尔康、阿坝、若尔盖、红原、甘孜、康定、道孚等市县海拔 2 400～4 600 米的草地、河滩、沟谷及山坡有分布。

【最佳观赏时间】5～8 月。

【推荐观赏指数】★★★

匙叶龙胆

Gentiana spathulifolia Maxim. ex Kusnez.

龙胆科 Gentianaceae

龙胆属 *Gentiana*

藏文名：ཕང་རྒྱུན། 藏文音译名：邦间

【形态特征】一年生草本，高 0.05～0.13 米。茎紫红色，密被细乳突，在基部多分枝，似丛生。基生叶大，在花期枯萎，宿存，宽卵形或圆形，先端急尖或圆形；茎生叶疏离，远短于节间，匙形，先端三角状急尖，边缘有不明显的软骨质，两面光滑。花多数，单生于小枝顶端；花梗紫红色，密被细乳突，裸露；花萼漏斗形，裂片三角状披针形，先端急尖，边缘膜质，狭窄，光滑，中脉膜质，在背面呈脊状突起，并下延至萼筒基部，弯缺宽，截形，花冠紫红色，漏斗形，喉部无斑点和细条纹，长 1.0～1.4 厘米，裂片卵形，先端钝，褶卵形，先端 2 浅裂或不裂；雄蕊着生于冠筒中下部，整齐，花丝丝状钻形，花药椭圆形；子房椭圆形，两端渐狭，花柱线形，柱头 2 裂，裂片线形。蒴果外露或内藏，矩圆状匙形，先端截形，有宽翅，两侧边缘有狭翅，基部渐狭；种子褐色，椭圆形，表面具细网纹。

【分布及用途】马尔康、阿坝、若尔盖、红原、甘孜、康定、道孚等市县海拔 2 800～3 900 米的山坡草地及灌丛有分布。全草可入药。

【最佳观赏时间】8～9 月。

【推荐观赏指数】★★★★

阿坝龙胆

Gentiana abaensis T. N. Ho

龙胆科 Gentianaceae

龙胆属 *Gentiana*

藏文名： སྦང་རྒྱན།　藏文音译名：邦间

【形态特征】一年生草本，高 0.08 ~ 0.12 米。茎紫红色，密被乳突，自基部多分枝，似丛生状，枝再作二歧分枝，铺散。基生叶数枚，无柄，卵形或圆；茎生叶匙形，先端三角状急尖，基部圆形。花多数，单生于小枝顶端；花梗紫红色，密被乳突，果时略伸长；花萼漏斗形，外面密被小柔毛，毛以后脱落，裂片钻形，先端急尖，具小尖头，边缘具糙毛，中脉膜质，在背面呈脊状突起，弯缺圆形；花冠紫红色，喉部具黑紫色斑点，漏斗形，果时略伸长，裂片卵圆形，先端钝圆，具细尖，全缘，褶卵形，全缘；雄蕊着生于冠筒中部，整齐，花丝线形，花药椭圆形，子房狭椭圆形，先端渐尖，花柱柱头 2 裂。蒴果外露或内藏，矩圆状匙形，先端圆形，具宽翅，两侧边缘具狭翅，基部渐狭，柄直立，较粗；种子多数，深褐色，宽矩圆形，表面具细网纹。

【分布及用途】阿坝等县海拔 3 000 ~ 3 300 米的阴坡灌丛有分布。全草可入药。

【最佳观赏时间】8 ~ 9 月。

【推荐观赏指数】★ ★ ★

龙胆科 Gentianaceae

龙胆属 *Gentiana*

打箭炉龙胆

Gentiana tatsienensis Franch.

藏文名：ཕར་རྒྱུན་སྔོན་པོ། 藏文音译名：邦间恩布

【形态特征】一年生草本，高 0.03～0.05 米。茎在基部有少数分枝，少再作二歧分枝，铺散，斜升。基生叶大，在花期枯萎，宿存，卵形或卵状披针形。花数朵，单生于小枝顶端；花梗藏于最上部一对叶中；花萼漏斗形，裂片卵形或卵状披针形，先端急尖，具小尖头，基部不收缩，边缘膜质，宽，光滑，中脉在背面呈脊状突起，并向萼筒作短的下延，弯缺狭窄，截形；花冠蓝紫色，宽筒形，裂片卵形，先端具短小尖头，褶宽卵形；雄蕊着生于冠筒中部，整齐，花丝线形，花药椭圆形；子房狭椭圆形，两端渐狭，花柱线形。蒴果外露或仅先端外露，矩圆形，先端圆形，具宽翅，两侧边缘具狭翅，基部钝；种子深褐色，有光泽，矩圆形，表面具极致密的细网纹。

【分布及用途】若尔盖、红原、康定、雅江、道孚、甘孜、理塘、稻城等市县海拔 3 300～5 000 米的山谷沟底、路旁及河滩地有分布。

【最佳观赏时间】4～6 月。

【推荐观赏指数】★★★

椭圆叶花锚

Halenia elliptica D. Don.

龙胆科 Gentianaceae

花锚属 *Halenia*

藏文名：ཤྭགས་ཏིག། 藏文音译名：甲帝

别名：卵萼花锚、藏茵陈、大苦草、吊兰花、斗大然高、黑耳草、黑及草、花脸猫、肝炎药、走胆草、着布给日-章古图-其其格、小龙胆草、椭叶花锚、卵萼花锚、水栀子

- -

【形态特征】一年生草本，高 0.15～0.6 米。根具分枝，黄褐色。茎直立，上部分枝。基生叶椭圆形，有时近圆形；茎生叶卵形、椭圆形、长椭圆形或卵状披针形。聚伞花序腋生和顶生；花梗长短不相等；花萼裂片椭圆形或卵形，长 3～6 毫米，先端通常渐尖，具小尖头；花冠蓝色或紫色，花冠筒长约 2 毫米，裂片卵圆形或椭圆形，长约 6 毫米，先端具小尖头，距长 5～6 毫米，向外水平开展；雄蕊内藏，花药卵圆形；子房卵形，长约 5 毫米，花柱极短，柱头 2 裂。蒴果宽卵形，长约 10 毫米，淡褐色；种子褐色，椭圆形或近圆形。

【分布及用途】汶川、理县、茂县、松潘、金川、小金、黑水、马尔康、阿坝、若尔盖、红原、甘孜、康定、泸定、丹巴、九龙、雅江、道孚、炉霍、新龙、德格、色达、理塘、巴塘、乡城、稻城等市县海拔 700～4 100 米的高山林下及林缘、山坡草地、灌丛、山谷沟边有分布。全草可入药。

【最佳观赏时间】7～8 月。

【推荐观赏指数】★ ★ ★

湿生扁蕾

Gentianopsis paludosa (Hook. f.) Ma

龙胆科 Gentianaceae
扁蕾属 *Gentianopsis*

藏文名: ཆིག་ཏ་མཐིང་མེན། 藏文音译名: 甲蒂唐弥

别名: 龙胆草、沼生扁蕾、泽扁蕾、卵叶扁蕾、扁蕾

【形态特征】一年生草本，高 0.04～0.40 米。茎单生，直立或斜升，近圆形，在基部分枝或不分枝。基生叶 3～5 对，匙形。花单生茎及分枝顶端；花梗直立；花萼筒形，长为花冠之半，长 1～3.5 厘米，裂片近等长，外对狭三角形，内对卵形，全部裂片先端急尖，有白色膜质边缘，背面中脉明显，并向萼筒下延成翅；花冠蓝色，或下部黄白色，上部蓝色，宽筒形，长 1.6～6.5 厘米，裂片宽矩圆形，长 1.2～1.7 厘米，先端圆形，具微齿，下部两侧边缘有细条裂齿；腺体近球形，下垂；花丝线形，长 1～1.5 厘米，花药黄色，矩圆形，长 2～3 毫米；子房具柄，线状椭圆形，长 2～3.5 厘米，花柱长 3～4 毫米。蒴果具长柄，椭圆形，与花冠等长或超出；种子黑褐色，矩圆形至近圆形。

【分布及用途】汶川、理县、松潘、金川、小金、黑水、马尔康、壤塘、阿坝、若尔盖、红原、甘孜、康定、泸定、丹巴、雅江、道孚、炉霍、德格、石渠、色达、巴塘、乡城、稻城等市县海拔 1 200～4 900 米的河滩、山坡草地、林下有分布。全草可入药。

【最佳观赏时间】7～9 月。

【推荐观赏指数】★★★★

龙胆科 Gentianaceae

喉毛花属 Comastoma

喉毛花

Comastoma pulmonarium (Turcz.) Toyokuni

藏文名：བལ་ཅིག། 藏文音译名：哇滴 别名：喉花草

【形态特征】一年生草本，高 0.05～0.30 米。茎直立，具分枝，稀不分枝。基生叶少数，无柄，矩圆形或矩圆状匙形；茎生叶无柄，卵状披针形。聚伞花序或单花顶生；花数 5；花萼开展，长为花冠的 1/4，裂片卵状三角形，披针形或狭椭圆形，通常长 6～8 毫米，先端急尖，边缘粗糙，有糙毛；花冠淡蓝色，具深蓝色纵脉纹，筒形或宽筒形，直径 6～7 毫米，长 9～23 毫米，浅裂，裂片直立，椭圆状三角形、卵状椭圆形或卵状三角形，长 5～6 毫米，先端急尖或钝，喉部具一圈白色副冠，副冠 5 束，长 3～4 毫米，上部流苏状条裂，裂片先端急尖；雄蕊着生于冠筒中上部，花丝疏被柔毛；子房无柄，狭矩圆形，无花柱，柱头 2 裂。蒴果无柄，椭圆状披针形，通常长 2～2.7 厘米，无柄；种子淡褐色，近圆球形或宽矩圆形，直径 0.8～1 毫米。

【分布及用途】理县、茂县、松潘、金川、小金、黑水、马尔康、壤塘、若尔盖、红原、甘孜、康定、泸定、九龙、雅江、道孚、德格、色达、乡城、稻城、得荣等市县海拔 3 000～4 800 米的河滩、山坡草地、林下、灌丛、高山草甸有分布。全草可入药。

【最佳观赏时间】7～10 月。

【推荐观赏指数】★★★

黑边假龙胆

Gentianella azurea (Bunge) Holub

龙胆科 Gentianaceae
假龙胆属 *Gentianella*

藏文名： སྦང་རྒྱན། 藏文音译名：邦间

【形态特征】一年生草本，高 0.02～0.25 米。茎直立，常紫红色，有条棱，从基部或下部起分枝，枝开展。茎生叶无柄，矩圆形，椭圆形或矩圆状披针形。聚伞花序顶生和腋生，稀单花顶生；花梗常紫红色，不等长，长至 4.5 厘米；花 5 数；花萼绿色，长为花冠之半，长 4～9 毫米，深裂，萼筒短，长仅 1.5～2 毫米，裂片卵状矩圆形、椭圆形或线状披针形，宽 1～2 毫米，边缘及背面中脉明显黑色，裂片间弯缺狭而长；花冠蓝色或淡蓝色，漏斗形，长 5～14 毫米，近中裂，裂片矩圆形，先端钝；雄蕊着生于冠筒中部，花丝线形，有时蓝色，花药蓝色，矩圆形或宽矩圆形；子房无柄，披针形，长 4.5～10 毫米，与花柱界限不明显，柱头小。蒴果无柄，先端稍外露；种子褐色，矩圆形，长 1～1.2 毫米，表面具极细网纹。

【分布及用途】松潘、阿坝、红原、康定、道孚、色达等市县海拔 2 300～4 900 米的山坡草地、林下、灌丛、高山草甸有分布。

【最佳观赏时间】7～8 月。

【推荐观赏指数】★★★

龙胆科 Gentianaceae
肋柱花属 *Lomatogonium*

肋柱花

Lomatogonium carinthiacum (Wulf.) Reichb.

藏文名：ཤེལ་གྱི་དི།　别名：辐花侧蕊、侧蕊、宽叶肋柱花、加地肋柱花、哈比日干-其其格、肋柱草

【形态特征】一年生草本，高 0.03 ~ 0.30 米。茎带紫色，自下部多分枝。基生叶早落，莲座状，叶片匙形；茎生叶无柄，披针形、椭圆形至卵状椭圆形。聚伞花序或花生分枝顶端；花梗斜上升，近四棱形，不等长；花 5 数，大小不相等；花萼长为花冠的 1/2，萼筒长不及 1 毫米，裂片卵状披针形或椭圆形，长 4 ~ 11 毫米，边缘微粗糙，叶脉 1 ~ 3 条，细而明显；花冠蓝色，裂片椭圆形或卵状椭圆形，长 8 ~ 14 毫米，先端急尖，基部两侧各具 1 个腺窝，腺窝管形，下部浅囊状，上部具裂片状流苏；花丝线形，长 5 ~ 7 毫米，花药蓝色，矩圆形，长 2 ~ 2.5 毫米，子房无柄，柱头下延至子房中部。蒴果无柄，圆柱形，与花冠等长或稍长，无柄；种子褐色，近圆形。

【分布及用途】理县、松潘、若尔盖、红原、康定、泸定、丹巴、道孚、色达、理塘等市县海拔 500 ~ 5 400 米的山坡草地、灌丛草甸、河滩草地、高山草甸有分布。全草可入药。

【最佳观赏时间】8 ~ 10 月。

【推荐观赏指数】★ ★ ★ ★

各论

肋柱花 ∧∧∧∧∧∧∧∧∧∧

大叶醉鱼草

Buddleja davidii Franch.

马钱科 Loganiaceae

醉鱼草属 *Buddleja*

藏文名：ཙ་ཡབ་ཚོན།

别名：醉鱼草、吊洋尘、白脊树、白壶子、白背醉鱼草、白背叶醉鱼草、蜂糖罐、樱花、马扶梢、大醉鱼草、大蒙花、绛花醉鱼草、蜂糖花、紫花醉鱼草、蒙花树、辣百花、酒药花、酒曲花、灰朵子、狗尾巴

【形态特征】灌木，高 1～5 米。小枝外展而下弯，略呈四棱形；幼枝、叶片下面、叶柄和花序均密被灰白色星状短绒毛。叶对生，叶片膜质至薄纸质，狭卵形、狭椭圆形至卵状披针形，稀宽卵形，顶端渐尖，基部宽楔形至钝，边缘具细锯齿，上面初被疏星状短柔毛，后变无毛。总状或圆锥状聚伞花序，顶生，长 4～30 厘米，宽 2～5 毫米；花梗长 0.5～5 毫米；小苞片线状披针形；花萼钟状，长 2～3 毫米，外面被星状短绒毛，后变无毛，内面无毛，裂片披针形；花冠淡紫色，后变黄白色至白色，喉部橙黄色，芳香，花冠管细长，长 6～11 毫米，内面被星状短柔毛，花冠裂片近圆形，边缘全缘或具不整齐的齿；雄蕊着生于花冠管内壁中部，花丝短，花药长圆形，基部心形；子房卵形，无毛，花柱圆柱形。蒴果狭椭圆形或狭卵形，淡褐色，无毛，基部有宿存花萼；种子长椭圆形，两端具尖翅。

【分布及用途】汶川、理县、茂县、松潘、金川、小金、黑水、马尔康、康定、泸定、九龙等市县海拔 800～3 000 米的山坡、沟边灌木丛有分布。根皮及枝叶可入药。

【最佳观赏时间】5～10 月。

【推荐观赏指数】★★★★

微孔草

Microula sikkimensis (Clarke) Hemsl.

紫草科 Boraginaceae
微孔草属 *Microula*

藏文名：ནད་མ་གཡུ་ལོ།　**藏文音译名：**纳玛玉罗　**别名：**蓝花花、狭叶微孔草、锡金微孔草、野菠菜

【形态特征】二年生草本，高 0.6～0.65 米。茎直立或渐升，常自基部起有分枝，或不分枝，被刚毛。基生叶和茎下部叶具长柄，两面有短糙毛；中部以上叶渐变小，中部叶具短柄或无柄，上部叶无柄。花序密集，有时稍伸长，生茎顶端及无叶的分枝顶端，基部苞片叶状，其他苞片小；花梗短；花萼 5 裂近基部，裂片线形或狭三角形，外面疏被短柔毛和长糙毛，边缘密被短柔毛，内面有短伏毛；花冠蓝色或蓝紫色，檐部直径 5～11 毫米，无毛，裂片近圆形，筒部长 2.5～4 毫米，无毛，附属物低梯形或半月形，无毛或有短毛。小坚果卵形，长 2～2.5 毫米，宽约 1.8 毫米，有小瘤状突起和短毛，背孔位于背面中上部，狭长圆形，长 1～1.5 毫米，着生面位腹面中央。

【分布及用途】理县、松潘、九寨沟、小金、黑水、马尔康、壤塘、阿坝、若尔盖、红原、甘孜、康定、泸定、九龙、雅江、道孚、炉霍、新龙、德格、白玉、石渠、理塘、巴塘、乡城、稻城等市县海拔 1 900～4 500 米的山坡草地、灌丛、林边、河边多石草地有分布。全草可入药。

【最佳观赏时间】5～9 月。

【推荐观赏指数】★★★

紫草科 Boraginaceae
琉璃草属 Cynoglossum

倒提壶

Cynoglossum amabile Stapf et Drumm.

藏文名：ནད་མ་འབྱར་མ།　　藏文音译名：奈玛加尔玛

别名：蓝布裙、狗屎花、狗屎萝卜、狗屎蓝花、贴骨散、大肥根

【形态特征】多年生草本，高 0.15～0.60 米。茎单一或数条丛生，直立，密被短糙毛。基生叶长圆状披针形或披针形，两面密生短柔毛；茎生叶长圆形或披针形，无柄，侧脉极明显。花序锐角分枝，分枝紧密，向上直伸，集为圆锥状，无苞片；花梗长 2～3 毫米，果期稍增长；花萼长 2.5～3.5 毫米，外面密生柔毛，裂片卵形或长圆形；花冠通常蓝色，稀白色，长 5～6 毫米，裂片圆形，长约 2.5 毫米，喉部具 5 个梯形附属物；花丝长极短，生于花冠筒中部，花药长圆形；花柱线状圆柱形，与花萼近等长或较短。小坚果卵形，长 3～4 毫米，背面微凹呈盘状，密生锚状刺，边缘锚状刺基部连合，成狭或宽的翅状边，着生腹面中部以上，三角形。

【分布及用途】汶川、理县、茂县、松潘、金川、小金、黑水、马尔康、甘孜、康定、泸定、九龙、雅江、道孚、炉霍、新龙、德格、理塘、巴塘、乡城、稻城等市县海拔 1 300～4 600 米的山坡草地、山地灌丛、干旱路边及针叶林缘有分布。全草可入药。

【最佳观赏时间】5～8 月。

【推荐观赏指数】★★★

假酸浆

Nicandra physalodes (Linn.) Gaertn.

茄科 Solanaceae

假酸浆属 *Nicandra*

藏文名：ཀྲུ་ཐང་ཕྲོམ། 藏文音译名：贾唐冲 别名：水晶凉粉、蓝花天仙子、大千生、野木瓜、田珠、冰粉、鞭打绣球、草本酸木瓜、苦莪、果铃、古千生、天茄子、灯笼花

【形态特征】一年生直立草本，高 0.4～1.5 米，多分枝。茎直立，有棱条，无毛，上部交互不等的二歧分枝。叶互生，卵形或椭圆形，草质，长 4～20 厘米，顶端急尖或短渐尖，基部楔形，边缘有具圆缺的粗齿或浅裂，两面有稀疏毛；叶柄长为叶片长的 1/3～1/4。花单生于枝腋而与叶对生，通常具较叶柄长的花梗，俯垂；花萼 5 深裂，裂片顶端尖锐，基部心脏状箭形，有 2 尖锐的耳片；花冠钟状，浅蓝色，直径达 4 厘米，檐部有折襞，5 浅裂。浆果球状，直径 1.5～2 厘米，黄色或褐色；种子淡褐色，直径约 1 毫米。

【分布及用途】汶川、理县、茂县、松潘、金川、马尔康、壤塘、阿坝、若尔盖、红原、甘孜、康定、九龙、雅江、炉霍、新龙、德格、石渠、色达、巴塘、乡城、稻城、得荣等市县海拔 800～2 600 米的田边、荒地或住宅区有分布。全草可入药。

【最佳观赏时间】6～8 月。

【推荐观赏指数】★★★

山莨菪

Anisodus tanguticus (Maxim.) Pascher

茄科 Solanaceae
山莨菪属 *Anisodus*

藏文名：ཐང་ཕྲོམ་ནག་པོ།　藏文音译名：唐冲纳波

别名：樟柳、唐川那保、唐古特莨菪、藏茄、七厘散、丈六深

【形态特征】多年生宿根草本，高0.4～1米。茎无毛或被微柔毛。叶片纸质或近坚纸质，矩圆形至狭矩圆状卵形，长8～20厘米，顶端急尖或渐尖，基部楔形或下延，全缘或具1～3对粗齿。花俯垂或有时直立，花梗长2～4厘米，常被微柔毛或无毛；花萼钟状或漏斗状钟形，坚纸质，长2.5～4厘米，外面被微柔毛或几无毛，脉劲直，裂片宽三角形；花冠钟状或漏斗状钟形，紫色或暗紫色，长2.5～3.5厘米，内藏或仅檐部露出萼外，花冠筒里面被柔毛，裂片半圆形；雄蕊长为花冠长的1/2左右；雌蕊较雄蕊略长；花盘浅黄色。果实球状或近卵状，直径约2厘米，果萼长约6厘米，肋和网脉明显隆起；果梗长达8厘米，挺直。

【分布及用途】理县、茂县、松潘、金川、马尔康、壤塘、阿坝、若尔盖、红原、甘孜、康定、九龙、雅江、炉霍、新龙、德格、石渠、色达、巴塘、乡城、稻城、得荣等市县海拔2 800～4 200米的向阳山坡、草坡有分布。地上部分可作干饲草，根可入药。

【最佳观赏时间】5～6月。

【推荐观赏指数】★★★

茄科 Solanaceae | **曼陀罗**
曼陀罗属 *Datura* | *Datura stramonium* Linn.

藏文名：ད་དུ་ར།　藏文音译名：达的茪

别名：醉心花、狗核桃、洋金花、枫茄花、万桃花、闹羊花、野麻子

【形态特征】一年生草本或半灌木状，高 0.5~1.5 米，植株无毛或幼嫩部分被短柔毛。茎粗壮，圆柱状，淡绿色或带紫色，下部木质化。叶广卵形，顶端渐尖，基部不对称楔形，边缘具不规则波状浅裂，裂片顶端急尖。花单生于枝杈间或叶腋，直立，有短梗；花萼筒状，具 5 棱角，两棱间稍向内陷，基部稍膨大，顶端紧围花冠筒，5 浅裂，裂片三角形，花后自近基部断裂，宿存部分随果实而增大并向外反折；花冠漏斗状，下部淡绿色，上部白或淡紫色，冠檐径 3~5 厘米，裂片具短尖头；雄蕊内藏，花丝长约 3 厘米，花药长约 4 毫米；花子房密被柔针毛。蒴果直立生，卵状，表面生有坚硬针刺或有时无刺而近平滑，成熟后淡黄色，规则 4 瓣裂。种子卵圆形，稍扁，黑色。

【分布及用途】汶川、理县、茂县、松潘、金川、黑水、马尔康、康定、泸定、丹巴、雅江、道孚、巴塘、乡城、稻城等市县海拔 750~3 200 米的住宅旁、路边或草地上有分布。叶、花、种子可入药。

【最佳观赏时间】6~10 月。

【推荐观赏指数】★★★

各论

曼陀罗 ∧∧∧∧∧∧∧∧∧∧

四川丁香
Syringa sweginzowii Koehne & Lingelsh.

木犀科 Oleaceae
丁香属 *Syringa*

藏文名：ལེ་ཤི།　藏文音译名：勒协

【形态特征】灌木，高 2.5～4 米。枝直立，细弱，灰棕色，无毛，具淡色皮孔。叶片卵形、卵状椭圆形至披针形，长 2～4 厘米，宽 1～3 厘米，先端锐尖至渐尖，基部楔形至近圆形，叶缘具睫毛，上面光亮，无毛，下面粉绿色，常沿叶脉或叶脉基部被须状柔毛或无毛。圆锥花序直立，长 7～25 厘米，宽 3～15 厘米；花序轴常呈四棱形，与花梗、花萼均呈紫褐色，被微柔毛或无毛。花梗长 0～2 毫米；花萼截形或萼齿先端锐尖或钝；花冠淡红色、淡紫色或桃红至白色，花冠管细弱，近圆柱形，长 0.6～1.5 厘米，裂片与花冠管呈直角开展，卵状长圆形至狭披针形，长 3～6 毫米，先端稍内弯而具喙；花药黄色，长约 3 毫米。果长椭圆形，先端渐尖或锐尖。

【分布及用途】松潘、红原等县海拔 500～2 500 米的山坡灌丛、疏林、河边、沟旁有分布。叶可入药。

【最佳观赏时间】5～8 月。

【推荐观赏指数】★★★★

肉果草

Lancea tibetica Hook. f. et Thoms.

玄参科 Scrophulariaceae
肉果草属 *Lancea*

藏文名：པ་ཡག་པ།　藏文音译名：哇亚巴　别名：兰石草、兰石果、蓝石草

【形态特征】多年生草本，高 0.08～0.15 米。根状茎细，长达 10 厘米，节上有 1 对鳞片。叶 6～10，近莲座状，近革质，倒卵形或匙形，长 2～7 厘米，先端常有小凸尖，基部渐窄成短柄，近全缘。花 3～5 簇生或成总状花序。花萼草质，长约 1 厘米，萼片钻状三角形；花冠深蓝或紫色，长 1.5～2.5 厘米，花冠筒长 0.8～1.3 厘米，上唇 2 深裂，下唇中裂片全缘；雄蕊着生花冠筒近中部，花丝无毛。果红或深紫色，长约 1 厘米。

【分布及用途】理县、松潘、黑水、马尔康、壤塘、若尔盖、红原、甘孜、康定、雅江、道孚、炉霍、新龙、德格、白玉、石渠、理塘、乡城、稻城等市县海拔 2 000～4 500 米草地、疏林、沟谷旁有分布。全草可入药。

【最佳观赏时间】5～7 月。

【推荐观赏指数】★★★

玄参科 Scrophulariaceae
婆婆纳属 *Veronica*

毛果婆婆纳
Veronica eriogyne H. Winkl.

藏文名：ཕྱུར་ནག་དོལ་མ་བཞིས། 藏文音译名：当娜冬赤

【形态特征】一年生或二年生草本，高 0.2~0.5 米。茎直立，不分枝或有时基部分枝，通常有两列多细胞白色柔毛。叶无柄，披针形至条状披针形，边缘有整齐的浅刻锯齿，两面脉上生多细胞长柔毛。总状花序 2~4 支，侧生于茎近顶端叶腋，花密集，穗状，果期伸长，达 20 厘米，具长 3~10 厘米的总梗，花序各部分被多细胞长柔毛；苞片宽条形，花萼裂片宽条形或条状披针形，长 3~4 毫米；花冠紫色或蓝色，长约 4 毫米，筒部占全长的 1/2~2/3，筒内微被毛或否，裂片倒卵圆形至长矩圆形；花丝大部分贴生于花冠上，花柱长 2~3.5 毫米。蒴果长卵形，上部渐狭，顶端钝，被毛，长 5~7 毫米，宽 2~3.5 毫米，种子卵状矩圆形，长 0.6 毫米。

【分布及用途】理县、松潘、小金、黑水、马尔康、阿坝、若尔盖、红原、康定、泸定、道孚、甘孜、德格、色达、稻城等市县海拔 2 500~4 500 米的高山草地有分布。全草可入药。

【最佳观赏时间】7~8 月。

【推荐观赏指数】★★★

各论

毛果婆婆纳

287

轮叶马先蒿

Pedicularis verticillata Linn.

玄参科 Scrophulariaceae
马先蒿属 *Pedicularis*

藏文名：མོ་ལྦང་ **藏文音译名：**莫郎 **别名：**马蒿草、土人参、酱瓣草、玉山蒿草、轮花马先蒿、酱办草、好宁－额伯日－其其格

【**形态特征**】多年生草本，高 0.15～0.35 米。茎直立，在当年生植株中常单条，多年者常自根茎成丛发出，中央者直立，外方者弯曲上升，下部圆形，上部多少四棱形。叶片长圆形至线状披针形，下面微有短柔毛，羽状深裂至全裂，裂片线状长圆形至三角状卵形，具不规则缺刻状齿。花序总状，常稠密。花冠紫红色，长 13 毫米，管红在距基部 3 毫米处以直角向前膝屈，使其上段由萼的裂口中伸出，中部稍稍向下弓曲，下唇约与盔等长或稍长，中裂圆形而有柄，甚小于侧裂，裂片上有时红脉极显著，盔略略镰状弓曲，长 5 毫米左右，额圆形，无明显的鸡冠状凸起，下缘之端似微有凸尖；雄蕊药对离开而不并生，花丝前方一对有毛。蒴果形状大小多变，披针形，端渐尖，不弯曲；种子黑色，半圆形，长 1.8 毫米，有极细而不显明的纵纹。

【**分布及用途**】松潘、小金、黑水、阿坝、红原、甘孜、康定、道孚、德格、理塘等市县海拔 2 100～3 400 米的河岸、湿地有分布。可作景观，根可入药。

【**最佳观赏时间**】7～8 月。

【**推荐观赏指数**】★ ★ ★ ★

甘肃马先蒿

Pedicularis kansuensis Maxim.

玄参科 Scrophulariaceae
马先蒿属 *Pedicularis*

藏文名：མེ་ཏོག་གླང་ན།　藏文音译名：美多浪那　别名：甘肃马薢蒿

【形态特征】一年生或二年生草本，高 0.15～0.4 米，多毛。茎多条丛生，具 4 条毛线。基生叶柄较长，有密毛；茎叶 4 枚轮生；叶长圆形，长达 3 厘米，宽 1.4 厘米，羽状全裂，裂片约 10 对，披针形，羽状深裂，小裂片具锯齿。花序长 25～30 厘米，花轮生；下部苞片叶状，上部苞片亚掌状 3 裂。花萼近球形，膜质，前方不裂，萼齿 5，不等大，三角形，有锯齿；花冠紫红色，长约 1.5 厘米，冠筒近基部膝曲，上唇长约 6 毫米，稍镰状弓曲，额部高凸，具有波状齿的鸡冠状凸起，下唇长于上唇，裂片圆形，中裂片较小，基部窄缩；花丝 1 对有毛。蒴果斜卵形，稍自宿萼伸出具长锐尖头。

【分布及用途】理县、金川、马尔康、阿坝、若尔盖、红原、康定、雅江、道孚、炉霍、甘孜、德格、石渠、理塘、巴塘、乡城、稻城等市县海拔 1 800～4 000 米的草坡、田埂旁有分布。全草可入药。

【最佳观赏时间】6～8 月。

【推荐观赏指数】★★★★

玄参科 Scrophulariaceae
马先蒿属 *Pedicularis*

阿拉善马先蒿
Pedicularis alaschanica Maxim.

藏文名：ཨ་ལ་ཅན་མ་གན་ཤོ།　别名：黄甜蜜蜜、阿拉善马薛蒿、阿拉善奈-好宁-额伯日-其其格

【形态特征】多年生草本，高 0.2～0.3 米。多茎，少直立或更多侧茎铺散上升。茎中空，密被短而锈色绒毛。叶柄下部，几与叶片等长，扁平，沿中肋有宽翅，被短绒毛；叶片披针状长圆形至卵状长圆形，两面均近于光滑，羽状全裂，裂片线形而疏距，不相对，边有细锯齿。花序穗状，生于茎枝之端，长短不一，花轮可达 10 枚；苞片叶状，甚长于花，柄多少膜质膨大变宽，中上部者渐渐变短，基部卵形而宽，前部线形而仅具锐齿或浅裂；萼膜质，长圆形，长达 13 毫米，前方开裂，脉 5 主 5 次，明显高凸，沿脉被长柔毛，无网脉，齿 5 枚，有反卷而具胼胝的锯齿；花冠黄色，长 20～25 毫米，花管约与萼等长，在中上部稍稍向前膝屈，下唇与盔等长或稍长，浅裂，盔直立部分内缘约高 6 毫米，喙长短和粗细很不一律，长 2～3 毫米；雄蕊花丝着生于管的基部，前方一对端有长柔毛。

【分布及用途】红原、阿坝、松潘、若尔盖、道孚、炉霍、甘孜、德格、石渠等县于海拔 2 300～4 900 米的河谷、向阳山坡及湖边平川地带有分布。

【最佳观赏时间】6～7 月。

【推荐观赏指数】★★★★

各论

阿拉善马先蒿 ∧∧∧∧∧∧∧∧∧∧∧∧

扭旋马先蒿
Pedicularis torta Maxim.

玄参科 Scrophulariaceae
马先蒿属 *Pedicularis*

藏文名：ལུག་རུ་སྐྱག་པོ། 藏文音译名：陆日木保 别名：扭曲马先蒿

【形态特征】多年生草本，高 0.2～0.4 米。茎单出或自根颈发出，中上部无分枝，中空，基部不木质化，稍具棱角。叶互生或假对生，茂密，基生叶多数，常早脱落，茎生下部者叶柄长，渐上渐短，沿中肋具狭翅，基部及边缘疏被短纤毛，其余无毛；叶片膜质。总状花序顶生，多花，顶端稠密，下中部稀疏或有间隔；苞片叶状，具短柄；花具短梗，纤细，被短柔毛；萼卵状圆筒形，长 6～7 毫米，管膜质。萼齿 3 枚，草质，长为萼管的 1/2～1/3。倒披针形，有少数之齿，其余的两枚宽卵形，基部细缩，全缘，掌状分裂，裂片有重锯齿；花冠具黄色的花管及下唇，紫色或紫紫色的盔，长 16～20 毫米，花管伸直，约比萼长 1 倍，外被短毛，盔在直立部分顶端几以直角向前转折；子房狭卵圆形，长约 2.5 毫米，柱头伸出于盔外。蒴果卵形，扁平。

【分布及用途】红原、松潘、理县、茂县、松潘、九寨沟、金川、小金、黑水、马尔康、康定等市县海拔 2 500～4 000 米的草坡有分布。全草可入药。

【最佳观赏时间】6～8 月。

【推荐观赏指数】★★★★★

295

凸额马先蒿

Pedicularis cranolopha Maxim.

玄参科 Scrophulariaceae

马先蒿属 Pedicularis

藏文名：ལུག་རུ་དཀར་པོ།　藏文音译名：露如嘎保　别名：长管马先蒿

【形态特征】多年生草本，高 0.1～0.25 米。茎丛生，多铺散成丛。叶片长圆状披针形至披针状线形，羽状深裂，裂片卵形至披针状长圆形，锐头，羽状浅裂至具重锯齿，疏远，其间距有时宽于裂片本身，茎生叶有时下部假对生，上部互生。花序总状顶生，花数不多；苞片叶状；萼膜质，长 12～20 毫米，前方开裂至 2/5～1/2，外面光滑或有微毛，常全缘或略有锯齿，侧方两枚极大，基部有柄，上方卵状膨大，羽状全裂，裂片 3～4 对，有具刺尖的锯齿；花冠长 4～5 厘米，外面有毛，盔直立部分略前俯，上端镰状弓曲向前成为含有雄蕊的部分，长约 6 毫米，其前端急细为略作半环状弓曲而端指向喉部的喙，长 7～8 毫米，端深 2 裂，在额部与喙的基部相接处有三角形的鸡冠状凸起，下唇宽过于长，有密缘毛，侧裂多少褶扇形，端圆而不凹，中裂亦宽过于长，多少肾形，前方有明显的凹头；花丝两对均有密毛。

【分布及用途】金川、黑水、马尔康、阿坝、若尔盖、红原、康定、九龙、道孚、炉霍、甘孜、德格、石渠、理塘、巴塘、乡城等市县海拔 3 800 米的高山草原有分布。全草可入药。

【最佳观赏时间】6～7 月。

【推荐观赏指数】★★★★

玄参科 Scrophulariaceae
马先蒿属 *Pedicularis*

二齿马先蒿
Pedicularis bidentata Maxim.

藏文名：ལུག་རུ་སྨུག་སྐྱེས་རིགས་གཉིས།   藏文音译名：鲁热嘎介

【形态特征】一年生草本，高 0.1～0.2 米，全身有短灰毛。根细而呈纺锤形，茎近无，成丛。叶均基生，有相当长的柄，柄长者 20～35 毫米，叶片线状长圆形，基部渐狭，长 5 厘米，宽 1 厘米，边缘有波状浅裂，裂片亚圆形，有浅波齿，齿有反卷之缘。花腋生，每条丛茎 2～4 枚，有短梗；萼较大，圆筒形而粗，长 15 毫米，背有 2 主脉，在两萼齿之间与两个腹面均有细脉 4 条，一直到底均有网脉，齿两枚，长 5 毫米，基部狭缩，其片椭圆形，钝头，有多数缺刻状齿；花冠黄色，管长 75 毫米，细而有毛，宽仅 1.5 毫米，超过于萼 4 倍，盔很低，如马蹄铁状弯弓，高不及 7 毫米，与渐细的粗喙约等长，为阔大之下唇所包裹，后者宽 25 毫米，长 17 毫米，其侧裂很大，而盔约安置于侧裂基部的中心，中裂长约 6 毫米，宽约 8 毫米；花丝着生于管端，有红毛；子房卵形，花柱伸出。

【分布及用途】红原、甘孜、泸定等县海拔 3 000～3 600 米的高山草地中有分布。

【最佳观赏时间】6～8 月。

【推荐观赏指数】★★★★

刺齿马先蒿

Pedicularis armata Maxim.

玄参科 Scrophulariaceae
马先蒿属 *Pedicularis*

藏文名：ལུག་རུ་སེར་པོ།　藏文音译名：鲁热赛保

【形态特征】多年生低矮草本，高 0.08～0.16 米。茎常成丛，中央者短而直立，外侧者常弯曲上升或更多强烈倾卧，有沟纹，密被短细毛。叶基出与茎生，均有长柄，有狭翅，被短细毛，并有伸张的白色长缘毛，叶片多少线状长圆形，羽状深裂，长 2～4 厘米，宽 4～10 毫米，背面无毛而散布污色肤屑状小点。花均腋生，花梗短，被短密毛；萼长 16～20 毫米，管圆筒形，前方开裂 1/3，裂口稍膨臌，外面密被灰白色短毛，齿 2 枚，有短柄，上方多膨大为三角状卵形，近掌状 3～5 裂。花冠黄色，外面有毛，长 5～9 厘米，盔直立部分完全直立或稍向前俯，基部很细，与管等粗，端以直角向前方成为含有雄蕊的部分，前方作狭三角形而渐细为卷成一大半环之长喙，喙长约 15 毫米，端常反指后上方，2 浅裂，下唇很大，有长缘毛，长宽约相等，近喉处常有 3 个棕红色斑点，中裂倒卵形，平圆头至截头，侧裂较中裂大 2～2.5 倍，为纵置的肾脏形，基部深耳形，两方组合成下唇的深心脏形基部；雄蕊花丝两对均有密毛；柱头稍伸出。

【分布及用途】红原、若尔盖、松潘等县海拔 3 660～4 600 米的空旷草地有分布。全草可入药。

【最佳观赏时间】5～10 月。

【推荐观赏指数】★★★

密生波罗花

Incarvillea compacta Maxim.

紫葳科 Bignoniaceae
角蒿属 *Incarvillea*

藏文名：ཀྱུག་ཚོས།   藏文音译名：欧切   别名：全缘角蒿、密生角蒿、密花角蒿、野萝卜

【形态特征】多年生草本，花期高达 0.3 米。叶为 1 回羽状复叶，聚生于茎基部，长 8～15 厘米；侧生小叶 2～6 对，卵形，长 2～3.5 厘米，顶端渐尖，基部圆形，顶端小叶近卵圆形，比侧生小叶大，全缘。总状花序极短，近伞状，具短梗，由叶丛中抽出；花萼钟状，绿色或紫红色，具深紫色斑点，萼齿三角形；花冠红色或紫红色，长 3.5～4 厘米，直径约 2 厘米，花冠筒外面紫色，具黑色斑点，内面具少数紫色条纹，裂片圆形，长 1.7～2.8 厘米，顶端微凹，具腺体；雄蕊着生于花冠筒基部，花药两两靠合；退化雄蕊小，弯曲；子房长圆形，柱头扇形。蒴果长披针形，两端尖，木质，具明显的 4 棱。

【分布及用途】马尔康、壤塘、阿坝、若尔盖、红原、甘孜、雅江、道孚、德格、石渠、色达、巴塘、理塘、乡城、稻城、得荣等市县海拔 2 600～4 100 米的空旷石砾山坡及草灌丛有分布。花、种子、根可入药。

【最佳观赏时间】5～7 月。

【推荐观赏指数】★★★★

各论

303

唇形科 Labiatae
筋骨草属 *Ajuga*

白苞筋骨草
Ajuga lupulina Maxim.

藏文名：ཟེན་ཏི་ག　藏文音译名：森斗　别名：甜格宿宿草、塔塔花、白苍筋骨草、大苞筋骨草、忽布筋骨草、齿苞筋骨草

【形态特征】多年生草本，高 0.1～0.3 米，植株多被长柔毛。茎粗壮，直立，四棱形，具槽。叶柄具狭翅，基部抱茎；叶片纸质，披针状长圆形。轮伞花序通常由 6 或更多的花组成，紧密；苞叶大，比花长，通常与茎叶异形，为白黄色、白色或绿紫色，抱轴，全缘；花梗短；花萼钟状或略呈漏斗状；花冠白、白绿或白黄色，具紫色斑纹，狭漏斗状；花药肾形；花柱无毛，伸出，较雄蕊略短；花盘杯状，裂片近相等，不明显，前方微膨大；子房 4 裂，被长柔毛。

【分布及用途】阿坝、理县、茂县、松潘、金川、黑水、马尔康、壤塘、若尔盖、红原、甘孜、康定、九龙、道孚、德格、石渠、色达、理塘、稻城等市县海拔 1 900～3 500 米的河滩沙地、高山草地或陡坡石缝有分布。全草可入药用。

【最佳观赏时间】6～7 月。

【推荐观赏指数】★★★

各论

白苞筋骨草 ^^^^^^^^^^^^

美花圆叶筋骨草

Ajuga ovalifolia Bur. et Franch. var.
calantha (Diels ex Limpricht) C.Y.Wu et C.Chen f.
calantha (Diels ex Limpricht) C. Y. Wu et C. Chen

唇形科 Labiatae
筋骨草属 *Ajuga*

藏文名： གྱང་སྐྱེས་ཏ་ཐག་ས།　藏文音译名：龙杰达巴　别名：美花

【形态特征】一年至多年生草本，高 0.1～0.2 米，具短茎。通常有叶 2 对，稀 3 对；叶柄绿白色，有时呈紫红色；叶片纸质，宽卵形或近菱形，基部下延，边缘中部以上具波状或不整齐的圆齿，具缘毛。穗状聚伞花序顶生，几呈头状；苞叶与花等长或略短，通常与茎叶异形；花梗短或几无。花冠红紫色至蓝色，筒状，微弯，筒长 1.5～3 厘米，上唇 2 裂，裂片圆形；下唇 3 裂，中裂片略大，扇形，侧裂片圆形；雄蕊 4，二强，内藏，着生于上唇下方的冠筒喉部，花丝粗壮，无毛；花柱被极疏的微柔毛或无毛，先端 2 浅裂，裂片细尖。

【分布及用途】松潘、金川、小金、黑水、马尔康、壤塘、甘孜、康定、雅江、道孚、新龙、德格、色达、理塘等市县海拔 3 000～3 800 米的沙质草坡、瘠薄的山坡上有分布。全草可入药。

【最佳观赏时间】6～8 月。

【推荐观赏指数】★★★

独一味

Lamiophlomis rotata (Benth.) Kudo

唇形科 Labiatae
独一味属 *Lamiophlomis*

藏文名：ᠳ᠋ᢩᢌᢙᠭᠨᠰ᠋ 　藏文音译名：达拔巴 　别名：大巴、打布巴、野秦艽

【形态特征】多年生草本，高 0.02~0.15 米，无茎。叶莲座状，贴生地面，具皱，具齿，草质，叶脉呈扇形，叶柄扁平而宽，抱茎。轮伞花序密集排列成有短葶的短穗状花序，有时下部具分枝而呈短圆锥状；苞片全缘而具缘毛，小苞片针刺状；花萼管状，10 脉，萼齿 5，短三角形，先端具长刺尖，自内面被丛毛；花冠淡紫、红紫或粉红褐色，冠筒内面密被微柔毛而无明显的毛环，近等大，冠檐二唇形，上唇边缘具齿牙，自内面密被柔毛，下唇 3 裂，中裂片较大。雄蕊 4，前对稍长，稍露出花冠喉部，花丝扁平，中部以上被微柔毛；花柱纤细，先端相等 2 浅裂。

【分布及用途】松潘、阿坝、若尔盖、康定、九龙、雅江、道孚、新龙、德格、石渠、色达、理塘、乡城、稻城等市县海拔 2 700~4 500 米的强度风化的碎石滩、高山草甸、河滩地有分布。地上部分可入药。

【最佳观赏时间】6~7 月。

【推荐观赏指数】★★

独
一
味
∧
∧
∧
∧
∧
∧
∧
∧
∧
∧

唇形科 Labiatae
鼠尾草属 *Salvia*

甘西鼠尾草
Salvia przewalskii Maxim.

藏文名：འཇེབ་ཚེ་སྣུག་པོ། 藏文音译名：吉子莫布 别名：紫丹参、红秦艽、蒲氏鼠尾草、苦西鼠尾草、大丹参、高原丹参、紫花鼠尾草、甘肃丹参、紫丹参、甘青鼠尾草

【形态特征】多年生草本，高 0.3～0.6 米。茎自基部分枝，丛生，上部间有分枝，密被短柔毛。叶基出，叶柄长 6～21 厘米，叶片三角状或椭圆状戟形，先端锐尖，基部心形或戟形，边缘具近于整齐的圆齿状牙齿，草质，上面绿色，被微硬毛，下面密被灰白绒毛。轮伞花序 2～4 花，疏离，组成顶生长 8～20 厘米的总状花序，有时具腋生的总状花序而形成圆锥花序；花萼钟形，花萼的唇部裂至全萼长的 1/4～1/3；花冠紫红色，平伸，不向上弯；花丝比药隔长约 1 倍；雄蕊的药隔弯成半圆形或弧形，上臂比下臂长或相等，两端的药室均发育。

【分布及用途】理县、茂县、松潘、金川、小金、黑水、马尔康、壤塘、阿坝、红原、甘孜、康定、九龙、道孚、炉霍、德格、稻城等市县海拔 2 100～4 000 米的林缘、路旁、沟边、灌丛有分布。根可入药。

【最佳观赏时间】5～8 月。

【推荐观赏指数】★★★

连翘叶黄芩

Scutellaria hypericifolia Levl.

唇形科 Labiatae
黄芩属 *Scutellaria*

藏文名：ལེན་ཚཱ་ཡེ་ཏོང་ཞེན། 别名：黄芩、魁芩、条芩、子芩、土大芩

【形态特征】多年生草本，高 0.1～0.3 米。茎多数近直立或弧曲上升，沿棱角上疏被白色平展疏柔毛，在节上被小髯毛，常带紫色，大多不分枝。叶具短柄，叶片大多数卵圆形，明显全缘，疏生柔毛。花对生，总状花序顶生，不聚成圆锥花序；花梗被白色平展疏柔毛；苞叶草质，下部者似叶，全缘，被缘毛；花萼绿紫色，外面被疏柔毛及黄色腺点；花冠紫蓝色，长 2.5～2.8 厘米，外面疏被短柔毛；冠筒基部膝曲，渐向喉部增大；雄蕊前对较长，具半药，后对较短，具全药；花丝扁平，下半部被微柔毛；花柱细长，先端锐尖，微裂。

【分布及用途】阿坝、理县、茂县、松潘、金川、小金、黑水、马尔康、壤塘、若尔盖、红原、甘孜、康定、泸定、九龙、雅江、道孚、炉霍、新龙、德格、色达、理塘、乡城、稻城等市县海拔 2 600～4 000 米的山地草坡上有分布，有时见于高山栎林林缘。根可入药。

【最佳观赏时间】6～8 月。

【推荐观赏指数】★★★

密花香薷

Elsholtzia densa Benth.

唇形科 Labiatae

香薷属 *Elsholtzia*

藏文名：ཤྱེ་ཙག་སྨུག་པོ།　藏文音译名：切柔莫保　别名：咳嗽草、野紫苏、臭香茹、媳蟋巴、密香薷、萼果香薷、矮株密花香薷、密穗香薷、那林－昂给鲁日－其其格、落花香薷、密花香蕾、蜜花香薷、蜜蜂草、细穗香薷、香茹、臭香茹

【形态特征】多年生草本，高 0.2～0.6 米。茎直立，自基部多分枝，茎及枝均四棱形，具槽，被短柔毛。叶长圆状披针形至椭圆形，先端急尖或微钝，基部宽楔形或近圆形，边缘在基部以上具锯齿，草质，上面绿色下面较淡，两面被短柔毛；叶柄背腹扁平，被短柔毛。穗状花序长圆形或近圆形，密被紫色串珠状长柔毛，由密集的轮伞花序组成；苞片扇形，近圆形或阔卵形，苞片不连合，外面及边缘被具节长柔毛；花萼钟状，花冠小，淡紫色，外面及边缘密被紫色串珠状长柔毛；果时花萼膨大，近球状。

【分布及用途】汶川、理县、松潘、金川、小金、马尔康、阿坝、若尔盖、红原、甘孜、康定、九龙、道孚、炉霍、新龙、德格、石渠、色达、理塘、巴塘、乡城、稻城等市县海拔 1 800～4 100 米的林缘、高山草甸、林下、河边及山坡荒地有分布。全草可入药。

【最佳观赏时间】7～8 月。

【推荐观赏指数】★★★

315

桔梗科 Ampanulaceae

蓝钟花属 Cyananthus

蓝钟花

Cyananthus hookeri C. B. Cl.

藏文名: ༼སྔོན་ཁ༽   藏文音译名: 莪布   别名: 风铃草

【形态特征】一年生草本。茎通常数条丛生，近直立或上升，长 3.5～20 厘米，疏生开展的白色柔毛，基部生淡褐黄色柔毛或无毛，有短分枝。叶互生，花下数枚常聚集呈总苞状；叶片菱形、菱状三角形或卵形，先端钝，基部宽楔形，突然变狭成叶柄，边缘有少数钝牙齿，有时全缘，两面被疏柔毛。花小，单生茎和分枝顶端，几无梗；花萼卵圆状，长 3～5 毫米，外面密生淡褐黄色柔毛，或完全无毛，裂片 4 枚，三角形，两面生柔毛，为筒长的 1/2～1/3；花冠紫蓝色，筒状，长 7～15 毫米，外面无毛，内面喉部密生柔毛，裂片 4，倒卵状矩圆形，顶端生 3 或 4 根褐黄色柔毛；花柱伸达花冠喉部以上，柱头 4 裂。蒴果卵圆状，成熟时露出花萼。

【分布及用途】理县、松潘、金川、小金、阿坝、甘孜、康定、丹巴、九龙、道孚、炉霍、理塘、乡城、稻城等市县海拔 2 700～4 700 米的山坡草地、路旁或沟边有分布。全草可入药。

【最佳观赏时间】8～9 月。

【推荐观赏指数】★★★

各论

蓝钟花 ∧∧∧∧∧∧∧∧∧∧∧

川党参
Codonopsis tangshen Oliv.

桔梗科 ampanulaceae
党参属 *Codonopsis*

藏文名： སྐྱུ་བདུང་དཀར་པོ་རིགས་གཅིག། **藏文音译名：** 勒德多吉

别名： 党参、土党参、板党、臭党、潞党参、上党参、西潞党

【形态特征】多年生草质缠绕藤本，长达 3 米以上，有白色乳汁，植株除叶片两面密被微柔毛外，全体近于光滑无毛。茎缠绕，有多数分枝，具叶，不育或顶端着花，淡绿色或下部微带紫色。叶在主茎及侧枝上的互生，在小枝上的近于对生，叶柄长 0.7～2.4 厘米，叶片卵形、狭卵形或披针形，顶端钝或急尖，基部楔形或较圆钝，边缘浅钝锯齿。花单生于枝端，与叶柄互生或近于对生；花有梗；花萼几乎完全不贴生于子房上，几乎全裂，裂片矩圆状披针形，顶端急尖，微波状或近于全缘；花冠上位，钟状，淡黄绿色而内有紫斑，浅裂，裂片近于正三角形；花丝基部微扩大；子房对花冠而言为下位。

【分布及用途】松潘、小金、金川、松潘、甘孜、康定等市县海拔 900～2 300 米的山地林边灌丛有分布，现已大量栽培。根可入药。

【最佳观赏时间】7～9 月。

【推荐观赏指数】★★★

脉花党参

Codonopsis nervosa (Chipp) Nannf.

桔梗科 ampanulaceae

党参属 *Codonopsis*

藏文名：ཀླུ་བདུད་རྫ་ཧྲེ།　藏文音译名：陆得多吉　别名：上党、柴党参、紫党参、臭党参、文党、绿花党参、潞党、高山党参

【形态特征】多年生草本，高 0.15～0.40 米，有白色乳汁。茎基具多数瘤状茎痕，根常肥大，呈圆柱状，表面灰黄色，近上部有少数环纹，而下部则疏生横长皮孔。叶在主茎上互生，在茎上部渐疏而呈苞片状，在侧枝上的近于对生；叶柄短，被白色柔毛；叶片阔心状卵形，叶基心形或较圆钝，近全缘。花单朵，着生于茎顶端，花梗长 1～8 厘米，或密或稀疏被毛；花萼贴生至子房中部，筒部半球状，具 10 条明显辐射脉，无毛或有极稀的白色柔毛，裂片间宽钝，卵状披针形，顶端钝或急尖，全缘，灰绿色；花冠球状钟形，淡蓝白色，内面基部常有红紫色斑，浅裂，裂片圆三角形，外侧顶端及脉上被柔毛；雄蕊无毛，花丝基部微扩大。

【分布及用途】阿坝、理县、茂县、金川、小金、马尔康、若尔盖、红原、甘孜、康定、泸定、丹巴、九龙、雅江、道孚、德格、白玉、乡城、稻城等市县海拔 3 300～4 500 米的阴坡林缘草地有分布。全草可入药。

【最佳观赏时间】7～9 月。

【推荐观赏指数】★★★

薄叶鸡蛋参

桔梗科 Ampanulaceae
党参属 Codonopsis

Codonopsis convolvulacea Kurz. var.
vinciflora (Kom.) L. T. Shen

藏文名:ཉི་ག   藏文音译名:尼哇   别名:山鸡蛋、金线吊葫芦、牛尾参、补血草

【形态特征】多年生草本,长1米以上,无毛,有白色乳汁。茎基极短而有少数瘤状茎痕。叶互生或有时对生,叶柄明显,长可达1.6厘米,叶片薄,膜质,宽大卵圆形,叶基楔形,顶端钝,急尖或渐尖,叶片边缘明显具齿,脉细而明显。花单生于主茎及侧枝顶端;花梗长2~12厘米,无毛;花萼贴生至子房顶端,裂片上位着生,筒部倒长圆锥状,裂片狭三角状披针形,顶端渐尖或急尖,全缘,无毛;花冠辐状而近于5全裂,淡蓝或蓝紫色;花丝基部宽大,内密被长柔毛,上部纤细,长仅1~2毫米,花药长4~5毫米。蒴果上位部分短圆锥状,下位部分倒圆锥状,有10条脉棱,无毛。

【分布及用途】康定、泸定、九龙、新龙、理塘、乡城、稻城等市县海拔2 500~4 000米的阳坡灌丛有分布。根可入药。

【最佳观赏时间】7~8月。

【推荐观赏指数】★★★

各论

薄叶鸡蛋参∧∧∧∧∧∧∧∧∧∧∧∧

桔梗科 Ampanulaceae
沙参属 *Adenophora*

川藏沙参
Adenophora liliifolioides Pax et Hoffm.

藏文名：ཀློ་བདུད་གཡུ་རྗེལ་མ། 藏文音译名：陆堆玉者玛

【形态特征】多年生草本，高可达1米。茎常单生，不分枝，常被长硬毛，稀无毛。基生叶心形，边缘有粗锯齿，具长柄；茎生叶卵形、披针形或线形，边缘具疏齿或全缘，长2~11厘米，宽0.4~3厘米，下面常有硬毛，稀无毛。花序常有短分枝，组成窄圆锥花序，有时全株仅数朵花。花萼无毛，萼筒球状，裂片钻形，基部宽近1毫米，长2~6毫米，全缘，稀具瘤状齿；花冠细小，近筒状或筒状钟形，蓝、紫蓝或淡紫色，稀白色，长0.8~1.2厘米；花盘细筒状，长3~6.5毫米，通常无毛；花柱长1.5~1.7厘米。蒴果卵状或长卵状，长6~8毫米。

【分布及用途】汶川、理县、松潘、九寨沟、金川、小金、黑水、马尔康、壤塘、阿坝、若尔盖、红原、康定、泸定、九龙、道孚、炉霍、德格、甘孜、白玉、色达、巴塘、稻城等市县海拔2 400~4 600米的草地、灌丛和乱石中有分布。

【最佳观赏时间】7~9月。

【推荐观赏指数】★★★

甘川紫菀
Aster smithianus Hand.–Mazz.

菊科 Compositae
紫菀属 Aster

藏文名：ཡུ་གུ་ཞིང་ནག་པོ།　藏文音译名：益古相纳布

【形态特征】多年生草本或亚灌木，高 0.6 ~ 1.5 米。茎直立，多分枝，被贴伏的微柔毛，下部有较密的叶和发育的腋芽。下部叶在花期枯落；中部叶狭卵圆形或披针形，上部叶渐小，卵圆状或线状披针形；全部叶两面被极密而稍贴伏的微柔毛。头状花序多数，排列成伞房状，花序梗长，有渐转为总苞片的苞叶；总苞半球形，2 ~ 3 层，外层长圆状或匙状线形，覆瓦状排列，顶端钝或尖，草质，密被微柔毛，内层卵圆披针形，下部革质，上部被密微毛，常有短缘毛；舌状花约 30 个，管部长 1.5 毫米，舌片白色或浅紫红色，长 6 ~ 10 毫米，宽 1 ~ 2 毫米；管状花长约 4 毫米，管部长 1 毫米，裂片长约 1 毫米，外面常有疏短毛；花柱附片长 0.5 毫米。瘦果倒卵圆形，黑色稍扁，一面有肋，被密伏毛。

【分布及用途】金川、小金、马尔康、康定、泸定、巴塘等市县海拔 1 300 ~ 3 400 米的低山及亚高山沟坡草地和石砾河岸有分布。全草可入药。

【最佳观赏时间】8 ~ 10 月。

【推荐观赏指数】★ ★ ★

长梗紫菀

Aster dolichopodus Ling

菊科 Compositae
紫菀属 *Aster*

藏文名：ལུག་ཆུང་། 　藏文音译名：鲁邛

【形态特征】多年生草本，高 0.5～0.9 米。茎直立，上部有分枝，上部被俯伏的长毛；下部有较密的叶，在花期枯落，较小；中部叶长圆披针形；上部叶较小，线状披针形。叶基部圆形，常抱茎，或几有耳部，全缘，两面被短糙毛。头状花序径 3～4 厘米，4 至 10 余个，在枝端单生或排列成伞房状，花序梗长 4～15 厘米，有线形苞叶；总苞半球形，长约 5 毫米，径 7～10 毫米；总苞片 3～4 层，覆瓦状排列，被密腺毛，外层长圆披针形，草质，仅基部革质，有短缘毛，内层倒卵状披针形，除上部及中脉草质外革质，有短缘毛；舌状花约 40 个，舌片浅蓝紫色，长 1.5 厘米稀达 2 厘米，宽 1.5～2 毫米。管状花长 5 毫米，管部长 2 毫米，上部被微毛，花柱分枝附片线状披针形；冠毛 1 层，浅红色或基部白色，与管部等长。瘦果倒卵圆形，除厚边肋外，一面有肋，被短粗毛。

【分布及用途】九寨沟、金川、小金、马尔康、甘孜、九龙、炉霍、白玉、色达、理塘等市县海拔 2 400～3 200 米的低山草坡、沟边及路旁有分布。全草可入药。

【最佳观赏时间】7～8 月。

【推荐观赏指数】★★★★

小舌紫菀

Aster albescens (DC.) Hand.–Mazz.

菊科 Compositae
紫菀属 *Aster*

藏文名: ཝྱག་མིག་རྒྱང་བ།   **藏文音译名:** 勒米琼瓦   **别名:** 白背紫菀、露米、火草、糙叶小舌紫菀、马铃花、白花紫菀

【形态特征】灌木,高 0.30～1.8 米。老枝褐色,无毛,有圆形皮孔;当年枝黄褐色或有时灰白色短柔毛和具柄腺毛,有密或疏生的叶。叶卵圆、椭圆或长圆状,披针形,基部楔形或近圆形,全缘或有浅齿,顶端尖或渐尖,全部叶近纸质,上面被短柔毛而下面被白色或灰白色蛛丝状毛或茸毛。头状花序在茎和枝端排列成复伞房状,有钻形苞叶;总苞倒锥状,总苞片 3～4 层,覆瓦状排列,被疏柔毛或茸毛或近无毛,外层狭披针形,长约 1 毫米,内层线状披针形,顶端稍尖,常带红色,近中脉草质,边缘宽膜质或基部稍革质;舌状花 15～30 个;管部长 2.5 毫米,舌片白色,浅红色或紫红色;管状花黄色,常有腺,花柱附片宽三角形;冠毛污白色,后红褐色,1 层,有多数近等长的微糙毛。瘦果长圆形,有 4～6 肋,被白色短绢毛。

【分布及用途】汶川、理县、茂县、松潘、九寨沟、金川、小金、黑水、马尔康、甘孜、康定、泸定、九龙、炉霍、德格、理塘、巴塘、乡城、得荣等市县海拔 500～4 100 米的低山至高山林下及灌丛有分布。花可入药。

【最佳观赏时间】6～9 月。

【推荐观赏指数】★ ★ ★

野 菊

Chrysanthemum indicum Linnaeus

菊科 Compositae
菊属 *Dendranthema*

藏文名： ཨེ་ཙུས།　**别名：** 油菊、疟疾草、苦薏、路边黄、山菊花、野黄菊、九月菊、黄菊仔

【形态特征】多年生草本，高 0.25～1.00 米。茎直立或铺散，分枝或仅在茎顶有伞房状花序分枝。茎枝被稀疏的毛，上部及花序枝上的毛稍多或较多。基生叶和下部叶花期脱落，中部茎叶卵形、长卵形或椭圆状卵形，羽状、掌状或半裂、浅裂，基部截形或稍心形或宽楔形。头状花序直径 1.5～2.5 厘米，在茎枝顶端排成疏松的伞房圆锥花序或伞房花序；总苞片约 5 层，边缘白或褐色，宽膜质，先端钝或圆，外层卵形或卵状三角形，长 2.5～3 毫米，中层卵形，内层长椭圆形，长 1.1 厘米；舌状花黄色，舌片长 10～13 毫米，顶端全缘或 2～3 齿。瘦果长 1.5～1.8 毫米。

【分布及用途】马尔康、九寨沟、泸定、稻城、色达、九龙、雅江等市县海拔 1 000～2 000 米的山坡草地、灌丛、河边湿地、田边及路旁有分布。花、叶、茎可入药。

【最佳观赏时间】6～11 月。

【推荐观赏指数】★★★★

菊科 Compositae
亚菊属 *Ajania*

细裂亚菊

Ajania przewalskii Poljak.

藏文名：འབའ་དཀར　藏文音译名：莱嘎

【形态特征】多年生高大草本，高 0.35 ~ 0.80 米。茎直立，通常红紫色，仅茎顶有伞房状短花序分枝，很少有较长的花序分枝，全茎被白色短柔毛，上部的毛较稠密。叶 2 回羽状分裂，全形宽卵形或卵形；全部叶有长近 1 厘米的叶柄，两面异色，上面绿色，无毛或有稀疏短柔毛，下面灰白色，被稠密短柔毛。头状花序小，多数在茎枝顶端排成大型复伞房花序、圆锥状伞房花序或伞房花序；总苞钟状，直径 2.5 ~ 3 毫米；总苞片 4 层，无内缘与外缘区别，无毛。全部苞片边缘褐色膜质；边缘雌花 4 ~ 7 个，花冠细管状顶端 3 裂，与花柱等长或近等长；中央两性花细管状。全部花冠外面有腺点。瘦果长约 0.8 毫米。

【分布及用途】汶川、理县、茂县、松潘、金川、小金、马尔康、阿坝、若尔盖、红原、甘孜、康定、泸定、九龙、道孚、石渠、色达等市县海拔 2 800 ~ 4 500 米的草原、山坡林缘或岩石上有分布。

【最佳观赏时间】7 ~ 8 月。

【推荐观赏指数】★★★

各论

细裂亚菊 ∧∧∧∧∧∧∧∧∧∧

335

万寿菊
Tagetes erecta L.

菊科 Compositae
万寿菊属 *Tagetes*

藏文名：ལེ་བརྟན། 藏文音译名：勒甘 别名：臭芙蓉、万寿灯、蜂窝菊、臭菊花、蝎子菊、金菊花、金菊、金鸡菊、十样景

【形态特征】一年生草本，高 0.5～1.5 米。茎直立，粗壮，具纵细条棱，分枝向上平展。叶羽状分裂，裂片长椭圆形或披针形，边缘具锐锯齿，上部叶裂片的齿端有长细芒；沿叶缘有少数腺体。头状花序单生，径 5～8 厘米，花序梗顶端棍棒状膨大；总苞长 1.8～2 厘米，宽 1～1.5 厘米，杯状，顶端具齿尖；舌状花黄色或暗橙色；长 2.9 厘米，舌片倒卵形，长 1.4 厘米，宽 1.2 厘米，基部收缩成长爪，顶端微弯缺；管状花花冠黄色，长约 9 毫米，顶端具 5 齿裂。瘦果线形，基部缩小，黑色或褐色，长 8～11 毫米，被短微毛；冠毛有 1～2 个长芒和 2～3 个短而钝的鳞片。

【分布及用途】理县、汶川、金川、马尔康、康定、泸定、九龙等市县海拔 1 000～2 200 米的路边、花坛有分布。原产墨西哥，属外来引种。全草可入药。

【最佳观赏时间】7～9 月。

【推荐观赏指数】★★★★★

百日菊
Zinnia elegans Jacq.

菊科 Compositae
百日菊属 *Zinnia*

藏文名：པའི་རི་ཚུས།　　别名：步步登高、节节高、鱼尾菊、火毡花、百日草、对叶菊、秋罗

【形态特征】一年生草本，高 0.3～1 米。茎直立，被糙毛或长硬毛。叶宽卵圆形或长圆状椭圆形，基部稍心形抱茎，两面粗糙，下面被密的短糙毛，基出三脉。头状花序径 5～6.5 厘米，单生枝端，无中空肥厚的花序梗；总苞宽钟状，总苞片多层，宽卵形或卵状椭圆形，外层长约 5 毫米，内层长约 10 毫米，边缘黑色；托片上端有延伸的附片，附片紫红色，流苏状三角形；舌状花深红色、玫瑰色、紫菫色或白色，舌片倒卵圆形，先端 2～3 齿裂或全缘，上面被短毛，下面被长柔毛；管状花黄色或橙色，长 7～8 毫米，先端裂片卵状披针形，上面被黄褐色密茸毛。雌花瘦果倒卵圆形，扁平，腹面正中和两侧边缘各有 1 棱，顶端截形，基部狭窄，被密毛；管状花瘦果倒卵状楔形，极扁，被疏毛，顶端有短齿。

【分布及用途】金川、阿坝、马尔康、泸定、康定、九龙、雅江等市县海拔 1 500～3 500 米的房前屋后、花园、路旁有分布。原产墨西哥，属外来引种。全草可入药。

【最佳观赏时间】6～9 月。

【推荐观赏指数】★★★★★

菊科 Compositae
华蟹甲属 *Sinacalia*

华蟹甲

Sinacalia tangutica (Maxim.) B. Nord.

藏文名：ད་མེ་ཤ།　别名：羽裂蟹甲草、猪肚子、水萝卜、蒿萝卜

【形态特征】多年生直立草本，高 0.5～1 米。茎粗壮，中空，上部被褐色腺状短柔毛。叶具柄，叶片卵形或卵状心形，羽状深裂，叶柄基部半抱茎，被疏短柔毛或近无毛；上部茎叶渐小，具短柄。头状花序小，多数常排成多分枝宽塔状复圆锥状，花序轴及花序梗被黄褐色腺状短柔毛；花序梗细，具 2～3 个线形渐尖的小苞片；总苞圆柱状，长 8～10 毫米，总苞片 5，线状长圆形，长约 8 毫米，被微毛，边缘狭干膜质；舌状花 2～3 个，黄色，管部长 4.5 毫米，舌片长圆状披针形，长 13～14 毫米，宽 2 毫米，顶端具 2 小齿，具 4 条脉；管状花 4，稀 7，花冠黄色；花药长圆形，长 3.5～3.7 毫米，基部具短尾，附片长圆状渐尖；花柱分枝弯曲，长 1.5 毫米，顶端钝，被乳头状微毛。瘦果圆柱形，长约 3 毫米，无毛，具肋。

【分布及用途】理县、茂县、松潘、九寨沟、金川、小金、黑水、马尔康、康定、泸定、道孚等市县海拔 1 200～3 500 米的山坡草地、悬崖、沟边、草甸、林缘和路边有分布。全草可入药。

【最佳观赏时间】7～9 月。

【推荐观赏指数】★★★

各论

华蟹甲 ∧∧∧∧∧∧∧∧∧∧∧

掌叶橐吾

Ligularia przewalskii (Maxim.) Diels

菊科 Compositae
橐吾属 *Ligularia*

藏文名：རི་ཤོ་རིགས་གཅིག། 　藏文音译名：热柶　别名：龙少、阿拉嘎力格—扎牙海、山紫菀、裂叶橐吾、甘青橐吾

【形态特征】多年生草本，高 0.3～1.3 米。茎直立，细瘦，光滑，基部被枯叶柄纤维包围。丛生叶与茎下部叶具柄，柄细瘦，光滑，基部具鞘，叶片轮廓卵形，叶掌状全裂，两面光滑，稀被短毛，叶脉掌状；茎中上部叶少而小，掌状分裂，常有膨大的鞘。总状花序长达 48 厘米；苞片线状钻形；花序梗纤细，长 3～4 毫米，光滑；头状花序多数，辐射状；小苞片常缺；总苞线状长圆形，苞片 3～7，2 层，全缘，宽约 2 毫米，先端钝圆，具褐色睫毛，背部光滑，边膜狭膜质；舌状花 2～3，黄色，舌片线状长圆形，长达 17 毫米，宽 2～3 毫米，先端钝，透明，管部长 6～7 毫米；管状花常 3 个，远出于总苞之上，长 10～12 毫米，管部与檐部等长，花柱细长，冠毛紫褐色，短于管状花管部。瘦果长圆形，长约 5 毫米，先端狭缩，具短喙。

【分布及用途】理县、茂县、松潘、九寨沟、金川、小金、黑水、马尔康、壤塘、阿坝、若尔盖、红原、康定、泸定、丹巴、雅江、道孚、炉霍、色达、理塘等市县海拔 1 100～3 700 米的河滩、山麓、林缘、林下、灌丛有分布。根可入药。

【最佳观赏时间】6～9 月。

【推荐观赏指数】★★★

黄帚橐吾

Ligularia virgaurea (Maxim.) Mattf.

菊科 Compositae

橐吾属 *Ligularia*

藏文名：ཞི་སྒྲོན　藏文音译名：日肖　别名：日侯、嘎和

【形态特征】多年生草本，高 0.15~0.8 米。茎直立，光滑，基部被厚密的褐色枯叶柄纤维包围。丛生叶，茎基部叶具柄，全部或上半部具翅，翅全缘或有齿，光滑，基部具鞘，紫红色，叶片卵形、椭圆形或长圆状披针形，先端钝或急尖，全缘有齿，两面光滑；茎生叶小，无柄，卵形至线形，长于节间。总状花序长 4.5~22 厘米，密集或上部密集，下部疏离；苞片线状披针形至线形，长达 6 厘米，向上渐短；花序梗长 3~20 毫米，被白色蛛丝状柔毛；头状花序辐射状，常多数，稀单生；小苞片丝状；总苞陀螺形，稀生头状花序较宽，长圆形或狭披针形，先端钝至渐尖而呈尾状，背部光滑或幼时有毛，具宽或窄的膜质边缘；舌状花 5~14，黄色，舌片线形，先端急尖，管部长约 4 毫米；管状花多数，檐部楔形，窄狭，冠毛白色与花冠等长。瘦果长圆形，长约 5 毫米，光滑。

【分布及用途】理县、松潘、小金、黑水、马尔康、阿坝、若尔盖、红原、甘孜、康定、九龙、雅江、德格、色达、理塘、乡城、稻城等市县海拔 2 600~4 700 米的河滩、沼泽草甸、阴坡湿地、灌丛有分布。全草可入药。

【最佳观赏时间】7~8 月。

【推荐观赏指数】★★★★

菊科 Compositae
垂头菊属 *Cremanthodium*

戟叶垂头菊
Cremanthodium potaninii C. Winkl.

藏文名：ཀླུ་ཕོ་རིགས་གཅིག།　藏文音译名：嘎榆　别名：大丁草、木毒药

【形态特征】多年生草本，高 0.1~0.4 米，茎上部被白色蛛丝状柔毛。丛生叶和茎基部叶卵状心形、三角状心形、卵状披针形或披针形，长 1.5~2.5 厘米，宽 0.5~3 厘米，边缘具三角齿或全缘，或下部有齿，上部全缘，基部心形、平截或楔形，两面无毛，叶脉羽状，叶柄长 1~7 厘米，光滑，基部有鞘；茎中上部叶线状披针形或线形，全缘，长 2~5 厘米。头状花序单生，辐射状；总苞宽钟形，长 0.8~1.4 厘米，径 1~1.5 厘米，被淡褐色柔毛或无毛，总苞片 12~14，2 层，披针形或线状披针形，宽 2~3 毫米，内层边缘宽膜质。舌状花黄色，舌片线形，长 1.5~3.5 厘米，宽 2~3 毫米，先端渐尖；管状花多数，黄色，长 6~8 毫米，冠毛褐色，与花冠等长。

【分布及用途】汶川、理县、茂县、松潘、金川、小金、黑水、马尔康、阿坝、红原、康定、九龙、炉霍、德格、石渠等市县海拔 3 600~4 500 米的灌丛、山坡湿地、高山草甸有分布。

【最佳观赏时间】7~8 月。

【推荐观赏指数】★★★★

各论

戟叶垂头菊 ∧∧∧∧∧∧∧∧∧∧∧∧

褐毛垂头菊

Cremanthodium brunneopiloesum S. W. Liu

菊科 Compositae
垂头菊属 *Cremanthodium*

藏文名：ཤ་ལ་ཤུ་རིང་། 藏文音译名：夏拉伊让

【形态特征】多年生草本，高达 0.5～1 米，全株灰绿色或蓝绿色。茎单生，最上部被白色或上半部白色，下半部褐色有节长柔毛，被厚密的枯叶柄包围。叶片长椭圆形至披针形，先端急尖，全缘或有骨质小齿，基部楔形，下延成柄，上面光滑。头状花序呈总状花序，下垂，花序梗长 1～9 厘米，被褐色有节长柔毛；总苞基部具披针形至线形草质的小苞片，先端长渐尖，内层具褐色膜质边缘，被密的褐色有节长柔毛；舌状花黄色，舌片线状披针形，先端长渐尖或尾状，膜质近透明；管状花多数，褐黄色，长 8～10 毫米，管部长约 2 毫米，檐部狭筒形，冠毛白色，与花冠等长。瘦果圆柱形，光滑。

【分布及用途】红原、阿坝、若尔盖、石渠、色达、壤塘、白玉、甘孜等县海拔 3 000～4 300 米的高山沼泽草甸、河滩草甸有分布。

【最佳观赏时间】6～8 月。

【推荐观赏指数】★★★★

橙舌狗舌草

Tephroseris rufa (Hand. –Mazz.)B.Nord.

菊科 Compositae
狗舌草属 *Tephroseris*

藏文名：ཨ་ཆྱག་གཡུང་བ།　　藏文音译名：阿恰永瓦

别名：红舌狗舌草、橙红狗舌草、橙红狗舍草、红舌

【形态特征】多年生草本，高 0.09 ~ 0.60 米。茎单生，直立不分枝，被白色棉状绒毛。基生叶数个，莲座状，具短柄；茎具叶，或近葶状，下部具少数茎叶，中部茎叶无柄，长圆形或长圆状披针形，上部茎叶线状披针形至线形。头状花序辐射状，或稀盘状，2 ~ 20 排成密至疏顶生近伞形状伞房花序；花序梗长 1 ~ 4.5 厘米，被密至疏蛛丝状绒毛及柔毛，基部具线形苞片或无苞片；总苞钟状，无外层苞片，褐紫色或仅上端紫色，披针形至线状披针形，顶端渐尖，草质，外面被密至疏蛛丝状毛及褐色柔毛直至无毛；舌状花约 15，管部长 5 毫米，顶端具 3 细齿，具 4 脉，舌片橙黄色或橙红色；管状花多数，檐部漏斗状，裂片卵状披针形，具乳头状毛；花药长 2.5 毫米，基部钝，附片卵状披针形。瘦果圆柱形，长 3 毫米，冠毛稍红色。

【分布及用途】理县、金川、小金、黑水、马尔康、壤塘、阿坝、若尔盖、红原、康定、雅江、道孚、炉霍、甘孜、德格、色达等市县海拔 2 600 ~ 4 000 米的山坡、草地、路旁有分布。全草可入药。

【最佳观赏时间】6 ~ 8 月。

【推荐观赏指数】★ ★ ★ ★

菊科 Compositae
金盏花属 *Calendula*

金盏花
Calendula officinalis L.

藏文名：ལེ་བརྒན་ཆུང་བ།　藏文音译名：勒干邛瓦　别名：金盏菊、黄金盏、长生菊、醒酒花、常春花、水涨菊、山金菊、金菊花、甘菊花、大金盏菊、大金盏花、月月红、五香菊花

【形态特征】一年生草本，高 0.20～0.75 米，通常自茎基部分枝，绿色或多少被腺状柔毛。基生叶长圆状倒卵形或匙形，全缘或具疏细齿，具柄，茎生叶长圆状披针形或长圆状倒卵形，无柄，顶端钝，稀急尖，边缘波状具不明显的细齿，基部多少抱茎。头状花序单生茎枝端，直径 4～5 厘米，总苞片 1～2 层，披针形或长圆状披针形，外层稍长于内层，顶端渐尖，小花黄或橙黄色，长于总苞的 2 倍，舌片宽达 4～5 毫米；管状花檐部具三角状披针形裂片，瘦果全部弯曲，淡黄色或淡褐色，外层的瘦果大半内弯，外面常具小针刺，顶端具喙，两侧具翅脊部，具规则的横折皱。

【分布及用途】松潘、九寨沟、金川、马尔康、阿坝、红原、康定等市县海拔 500～3 500 米的房前屋后、花园、路旁有分布。原产欧洲西部、地中海沿岸、北非和西亚，在中国栽培甚广。花可入药。

【最佳观赏时间】4～9 月。

【推荐观赏指数】★★★★★

金盏花∧∧∧∧∧∧∧∧∧∧∧

353

秋 英
Cosmos bipinnata Cav.

菊科 Compositae
秋英属 *Cosmos*

藏文名：གང་ལ།　藏文音译名：岗拉　别名：波斯菊、秋樱、茗帚梅、笤帚梅、扫帚梅、大春菊、格桑花、芫荽梅

【形态特征】一年生或多年生草本，高 0.5～2 米，茎无毛或稍被柔毛。叶 2 次羽状深裂，裂片线形或丝状线形。头状花序单生，径 3～6 厘米；花序梗长 6～18 厘米；总苞片外层披针形或线状披针形，近革质，淡绿色，具深紫色条纹，上端长狭尖，与内层等长，长 10～15 毫米，内层椭圆状卵形，膜质；托片平展，上端成丝状，与瘦果近等长；舌状花紫红、粉红或白色；舌片椭圆状倒卵形，长 2～3 厘米，宽 1.2～1.8 厘米，有 3～5 钝齿；管状花黄色，长 6～8 毫米，管部短，上部圆柱形，有披针状裂片；花柱具短突尖的附器。瘦果黑紫色，无毛，上端具长喙，有 2～3 尖刺。

【分布及用途】理县、金川、康定、泸定、稻城、九寨沟、小金、九龙、雅江等市县海拔 500～2 700 米的房前屋后、花园、路旁有分布。原产墨西哥，在中国栽培甚广。全草可入药。

【最佳观赏时间】6～8 月。

【推荐观赏指数】★★★★★

星状雪兔子

Saussurea stella Maxim.

菊科 Compositae
风毛菊属 *Saussurea*

藏文名：ཁྱུང་ཕྱེར་སྐྱག་པོ།　藏文音译名：邛德目布

别名：星状风毛菊、苏尔公玛保、索公巴、星状风毛菊、匐地风毛菊

【形态特征】一年生无茎莲座状草本，全株光滑无毛。叶莲座状，星状排列，线状披针形，长0.03～0.20米，无柄，中部以上长渐尖，向基部常卵状扩大，边缘全缘，两面同色，紫红色或近基部紫红色，或绿色，无毛。头状花序无小花梗，多数，在莲座状叶丛中密集成半球形的直径为4～6厘米的总花序。总苞圆柱形，总苞片5层，覆瓦状排列，外层长圆形，顶端圆形，中层狭长圆形，内层线形，顶端钝；全部总苞片外面无毛，但中层与外层苞片边缘有睫毛；小花紫色，长1.7厘米，细管部长1.2厘米，檐部长5毫米。瘦果圆柱状，长5毫米，顶端具膜质的冠状边缘；冠毛白色，2层，外层短，糙毛状，内层长，羽毛状。

【分布及用途】理县、松潘、小金、黑水、马尔康、阿坝、若尔盖、红原、甘孜、康定、泸定、丹巴、九龙、雅江、道孚、德格、石渠、色达、理塘、乡城、稻城等市县海拔2 000～5 400米的高山草地、山坡灌丛、沼泽草地、河滩地有分布。全草可入药。

【最佳观赏时间】7～8月。

【推荐观赏指数】★ ★ ★

菊科 Compositae
火绒草属 *Leontopodium*

川甘火绒草
Leontopodium chuii Hand.–Mazz.

藏文名：ʒ ʆ ʆ ʆ ʆ   藏文音译名：札拓巴   别名：老头草、薄雪草、老头艾、雪绒花

【形态特征】 多年生草本，高 0.12～0.42 米。花茎细，木质，被灰白色蛛丝状茸毛，下部常脱毛。叶多数，约与茎上部叶同长，披针形或线形，上面被灰白色，下面被黄褐色密茸毛。头状花序径约 5 毫米，有 10～15 个，有时较少；花序梗常与苞叶基部合着。总苞片约 3 层，被灰白长柔毛状茸毛。顶端褐色，无毛，钝或啮蚀状；小花异形，外围有少数或多数雌花，其余是雄花；花冠长 3 毫米；雄花花冠管状，上部漏斗状，有小裂片；雌花花冠丝状，有细齿。冠毛较花冠稍长，白色，基部有时稍黄色；雄花冠毛稍粗，稍有齿；雌花冠毛细丝状。不育的子房和瘦果近无毛。

【分布及用途】 若尔盖、红原、康定、道孚等市县海拔 2 000～3 500 米的亚高山草地、灌丛、黄土坡地有分布。全草可入药。

【最佳观赏时间】 7～8 月。

【推荐观赏指数】 ★ ★ ★

各论

川甘火绒草 ∧∧∧∧∧∧∧∧∧∧∧∧

同色二色香青

Anaphalis bicolor* (Franch.) Diels *var.
***subconcolor* Hand.–Mazz.**

菊科 Compositae

香青属 *Anaphalis*

藏文名：ཟླ་གཡུང་ལྷུག་བལ་མ།　　藏文音译名：札永　　别名：大矛香艾、大茅香艾

【形态特征】多年生草本，高 0.1～0.4 米，全株密被灰白色绒毛。茎直立，稍粗壮，不分枝，草质，下部有较密的叶。茎下部叶较稍小，中部及上部叶直立或依附于茎上，长椭圆形，线状披针形或线形。头状花序在茎和枝端密集成复伞房状；总苞钟状，长 6 毫米，稀 5～7 毫米，径 5～7 毫米；总苞片 4～5 层，外层卵圆形，褐色，被蛛丝状毛，内层卵状长圆形，乳白色，顶端圆形；最内层狭长圆形，有长爪；雌株头状花序有多层雌花，中央有 2～3 个雄花；雄株头状花序全部有雄花。花冠长 3～4 毫米，冠毛较花冠稍长；雄花冠毛上部宽扁，有锯齿。瘦果圆柱形，近无毛。

【分布及用途】理县、松潘、金川、小金、若尔盖、红原、甘孜、康定、泸定、九龙、道孚、炉霍、石渠、理塘、稻城等市县海拔 2 000～3 500 米的亚高山、草地、针叶林有分布。全草可入药。

【最佳观赏时间】7～9 月。

【推荐观赏指数】★★★

空桶参

Soroseris erysimoides (Hand.–Mazz.) Shih

菊科 Compositae
绢毛苣属 Soroseris

藏文名：སྒོལ་གོང་པ། **藏文音译名**：索公巴 **别名**：绢毛菊、糖芥绢毛菊、金沙绢毛菊、空洞参、空空参、啦吧花

【**形态特征**】多年生草本，高 0.05～0.30 米。茎直立，单生，圆柱状，无毛或上部被白色柔毛。叶多数，沿茎螺旋状排列，中下部茎叶线舌形、椭圆形或线状长椭圆形；上部茎叶及接团伞花序下部的叶与中下部叶同形，全部叶两面无毛或叶柄被稀疏柔毛。头状花序多数，在茎端集成直径为 2.5～5 厘米的团伞状花序；总苞狭圆柱状，直径 2 毫米；总苞片 2 层，外层线形，无毛或有稀疏长柔毛，内层披针形或长椭圆形，长约 1 厘米，背面无毛或被稀疏的长柔毛，顶端急尖或钝；舌状小花黄色，4 枚。瘦果微压扁，近圆柱状，长 5 毫米，红棕色，有 5 条粗细不等的细肋；冠毛鼠灰色或淡黄色。

【**分布及用途**】康定、松潘、德格、金川、色达、黑水、巴塘、稻城等市县海拔 3 300～5 500 米的高山灌丛、草甸、流石滩有分布。全草可入药。

【**最佳观赏时间**】6～8 月。

【**推荐观赏指数**】★★★

菊科 Compositae
蒲公英属 *Taraxacum*

藏蒲公英

Taraxacum tibetanum Hand.–Mazz.

藏文名:ཁུར་མོང་ 藏文音译名:壳蒙 别名:西藏蒲公英、藏药蒲公英、小菜花、库芒、苦芒

【形态特征】多年生矮小草本，高 0.05～0.20 米。叶倒披针形，长 4～8 厘米，通常羽状深裂，稀浅裂，具 4～7 对侧裂片，侧裂片三角形，倒向，近全缘。花葶 1 或数个，高 3～7 厘米，无毛或顶端钉蛛丝状柔毛；头状花序径 2.8～3.2 厘米；总苞钟形，长 1～1.2 厘米，总苞片干后墨绿或黑色，外层宽卵形或卵状披针形，宽于内层，先端稍扩大，无膜质边缘或有极窄不明显膜质边缘。舌状花黄色，边缘花舌片背面有紫色条纹，柱头和花柱干后黑色。瘦果倒卵状长圆形或长圆形，淡褐色，长 2.8～3.5 毫米，上部 1/3 具小刺，顶端常溢缩成长约 0.5 毫米的圆锥至圆柱形喙基，喙纤细，长 2.5～4 毫米；冠毛长约 6 毫米，白色。

【分布及用途】理县、金川、若尔盖、红原、康定、雅江、道孚、稻城等市县海拔 3 600～5 300 米山坡草地、台地及河边草地上有分布。全草可入药。

【最佳观赏时间】5～8 月。

【推荐观赏指数】★★★★

各论

藏蒲公英 ∧∧∧∧∧∧∧∧∧∧∧

婆罗门参
Tragopogon pratensis L.

菊科 Compositae
婆罗门参属 Tragopogon

藏文名：ཕོ་ལུའི་མེན་ཆེན། 别名：土泡参、绿芨、草地婆罗门参

【形态特征】二年生草本，高 0.25～1 米。茎直立，不分枝或分枝，有纵沟纹，无毛。下部叶线形或线状披针形，基部扩大，半抱茎，向上渐尖，边缘全缘，有时皱波状，中上部茎叶与下部叶同形，但渐小。头状花序单生茎顶，或植株含少数头状花序生于枝端，花序梗在果期不扩大；总苞圆柱状，长 2～3 厘米，总苞片 8～10 枚，披针形或线状披针形，短于舌状小花，长 2～3 厘米，先端渐尖，下部棕褐色；舌状小花黄色，干时蓝紫色。瘦果顶端渐狭成粗或细喙，喙顶不增粗，与冠毛联结处有蛛丝状毛环；冠毛灰白色，长 1～1.5 厘米。

【分布及用途】红原、阿坝、若尔盖、色达、九龙、雅江等县海拔 1 200～4 500 米的山坡草地、林间草地有分布。叶、根可入药。

【最佳观赏时间】5～8 月。

【推荐观赏指数】★★★

毛连菜

Picris hieracioides L.

菊科 Compositae
毛连菜属 *Picris*

藏文名:རྒྱ་ཁུར་དཀར་པོ   藏文音译名:贾壳嘎布   别名:枪刀菜、毛柴胡、羊下巴、牛踏鼻、毛莲菜、毛牛耳大黄、补丁草、希日一明占、查希巴一其其格

【形态特征】二年生草本,高 0.16～1.2 米。茎直立,上部伞房状或伞房圆状分枝,有纵沟纹,被亮色的钩状硬毛。基生叶花期枯萎脱落;下部茎叶长椭圆形或宽披针形;中部和上部茎叶披针形或线形,较下部茎叶小,无柄,基部半抱茎;最上部茎小,全缘;全部茎叶两面特别是沿脉被亮色的钩状分叉的硬毛。头状花序在茎枝顶端排成伞房花序或伞房圆锥花序,花序梗细长;总苞圆柱状钟形,长达 1.2 厘米,总苞片 3 层,外层线形,短,长 2～4 毫米,内层长,线状披针形,长 10～12 毫米,边缘白色膜质,全部总苞片外面被硬毛和短柔毛。舌状小花黄色,冠筒被白色短柔毛;瘦果纺锤形,长约 3 毫米,棕褐色,有纵肋,肋上有横皱纹;冠毛白色,外层极短,糙毛状,内层长,羽毛状。

【分布及用途】汶川、理县、茂县、松潘、金川、小金、马尔康、红原、康定、泸定、九龙、甘孜、德格、理塘、乡城等市县海拔 600～3 400 米的山坡草地、林下、沟边、田间、撂荒地、河滩地有分布。全草可入药。

【最佳观赏时间】6～8 月。

【推荐观赏指数】★★★

败酱科 Valerianaceae
甘松属 *Nardostachys*

甘 松

Nardostachys jatamansi (D. Don) DC.

藏文名: སྤང་སྤོས། 藏文音译名: 榜贝 别名: 甘松香、香松、甘香松

【形态特征】多年生草本，高 0.1～0.5 米。根状茎歪斜，覆盖片状老叶鞘，有浓烈香气。基出叶丛生，线状狭倒卵形，主脉平行 3～5 出，全缘；茎生叶 1～2 对，对生，无柄，长圆状线形。花茎旁出，聚伞花序头状，顶生，花后主轴及侧轴常明显伸长，使聚伞花序成总状排列；花冠紫红色，钟形。瘦果倒卵圆形，长约 4 毫米，被毛。

【分布及用途】松潘、马尔康、阿坝、若尔盖、红原、甘孜、康定、九龙、雅江、道孚、新龙、德格、色达、理塘、巴塘、乡城、稻城、得荣等市县海拔 3 200～4 000 米的高山草原地带的沼泽草甸、河漫滩和灌丛草坡有分布。可作香料和药用。

【最佳观赏时间】6～8 月。

【推荐观赏指数】★★★★

匙叶翼首花

Pterocephalus hookeri (C. B. Clarke) Hock.

川续断科 Dipsacaceae

翼首花属 *Pterocephalus*

藏文名：སྤང་རྩི་དོ་བོ། 　藏文音译名：邦子多吾 　别名：翼首草

【形态特征】多年生草本，高 0.3～0.5 米，全株被白色柔毛。叶全部基生，成莲座状，匙形或线状匙形，长 5～18 厘米，基部渐窄成翅状柄，全缘或 1 回羽状深裂，裂片 3～5 对，顶裂片大，披针形，下面中脉明显。花葶生于叶丛，高 10～40 厘米，无叶；头状花序单生葶顶，球形，径 3～4 厘米；总苞苞片 2～3 层，外层长卵形或卵状披针形。内层总苞片线状倒披针形，基部有细爪；小总苞倒卵形，长 4～5 毫米，筒状，基部渐窄，顶端具波状齿牙，花萼全裂，花冠筒状漏斗形，黄白或淡紫色，长 1～1.2 厘米；花柱伸出冠筒，柱头扁球形。瘦果倒卵圆形，长 3～5 毫米，成熟时淡棕色，具 8 纵棱。

【分布及用途】松潘、金川、黑水、马尔康、壤塘、阿坝、若尔盖、红原、康定、丹巴、九龙、雅江、道孚、甘孜、德格、白玉、色达、理塘、巴塘、乡城、稻城等市县海拔 1 800～4 800 米的山坡、草地有分布。根可入药。

【最佳观赏时间】7～8 月。

【推荐观赏指数】★★★

岩生忍冬

Lonicera rupicola Hook.f. & Thomson

忍冬科 Caprifoliaceae
忍冬属 *Lonicera*

藏文名：ཁྱི་ཤིང་དཀར། 藏文音译名：齐象 别名：西藏忍冬

【形态特征】灌木，高 0.5～1.5 米。小枝纤细，叶脱落后小枝顶常呈针刺状，有时伸长而平卧。叶纸质，条状披针形、矩圆状披针形至矩圆形，顶端尖或稍具小凸尖或钝形，基部楔形至圆形或近截形。花生于幼枝基部叶腋，芳香，总花梗极短；苞片叶状，条状披针形至条状倒披针形，长略超出萼齿；杯状小苞顶端截形或具 4 浅裂至中裂，有时小苞片完全分离，长为萼筒之半至相等；相邻两萼筒分离，长约 2 毫米，无毛，萼齿狭披针形，长 2.5～3 毫米，长超过萼筒，裂隙高低不齐；花冠淡紫色或紫红色，筒状钟形，长 8～15 毫米，外面常被微柔毛和微腺毛；花药达花冠筒的上部；花柱高达花冠筒之半，无毛。果实红色，椭圆形；种子淡褐色，矩圆形。

【分布及用途】汶川、理县、茂县、松潘、金川、小金、黑水、马尔康、若尔盖、红原、康定、九龙、雅江、道孚、炉霍、德格、石渠、理塘、乡城、稻城等市县海拔 2 100～4 900 米的高山灌丛草甸、流石滩边缘、林缘河滩草地、山坡灌丛有分布。

【最佳观赏时间】6～11 月。

【推荐观赏指数】★★★

忍冬科 Caprifoliaceae
忍冬属 *Lonicera*

毛花忍冬
Lonicera trichosantha Bur. et Franch.

藏文名：འཕང་མ། 藏文音译名：旁玛

【形态特征】灌木，高3～5米。小枝、叶柄和总花梗均被柔毛和微腺毛或几乎无毛，冬芽有5～6对鳞片。叶纸质，下面绿白色，长圆形、卵状长圆形或倒卵状长圆形，稀椭圆形、圆卵形或倒卵状椭圆形，长2～7厘米，两面或下面中脉疏生柔伏毛或无毛，边有睫毛；叶柄长3～7毫米。总花梗长0.2～1.2厘米，短于叶柄；苞片线状披针形，长约等于萼筒；小苞片近圆卵形，长为萼筒1/2～2/3，基部连合；相邻两萼筒分离，长约2毫米，无毛，萼檐钟形，长1.5～4毫米，全裂成2片，一片具2齿，另一片3齿，或一侧撕裂，萼齿三角形，萼檐、苞片、小苞片均疏生柔毛及腺，稀无毛；花冠黄色，长1.2～1.5厘米，唇形，冠筒长约4毫米，常有浅囊，密被糙伏毛和腺毛，喉部密生柔毛，唇瓣毛较稀或无毛，上唇裂片浅圆形，下唇长圆形，长0.8～1厘米，反曲；雄蕊和花柱均短于花冠。果熟时橙黄、橙红至红色，圆形，直径6～8毫米。

【分布及用途】汶川、金川、小金、红原、马尔康、壤塘、康定、泸定、道孚、炉霍、新龙、德格、白玉、巴塘、乡城、稻城等市县海拔2 700～4 100米的针阔叶混交林、山坡灌丛、草坡有分布。

【最佳观赏时间】5～7月。

【推荐观赏指数】★★★

羌 活
Notopterygium incisum Ting ex H. T. Chang

伞形科 Umbelliferae
羌活属 *Notopterygium*

藏文名：ཕུར་ནག　藏文音译名：志赛　别名：羌青、护羌使者、胡王使者、狗引子花、竹节羌、大头羌、蚕羌、裂叶羌活、川羌、条羌、西羌、裂口羌活、竹节羌活、太羌活、曲药、黑药

【形态特征】多年生草本，高 0.6～1.2 米，根颈部有枯萎叶鞘。茎直立，圆柱形，中空，有纵直细条纹，带紫色。基生叶及茎下部叶有柄，柄长 1～22 厘米，下部有膜质叶鞘；叶为三出式 3 回羽状复叶，末回裂片长圆状卵形至披针形，长 2～5 厘米，宽 0.5～2 厘米，边缘缺刻状浅裂至羽状深裂。复伞形花序直径 3～13 厘米，侧生者常不育；总苞片 3～6，线形，长 4～7 毫米，早落；伞辐 7～39，长 2～10 厘米；小伞形花序直径 1～2 厘米；小总苞片 6～10，线形，长 3～5 毫米；花多数，花柄长 0.5～1 厘米；萼齿卵状三角形，长约 0.5 毫米；花瓣白色，卵形至长圆状卵形，长 1～2.5 毫米，顶端钝，内折；雄蕊的花丝内弯，花药黄色。分生果长圆状，长 5 毫米，宽 3 毫米，背腹稍压扁，主棱扩展成宽约 1 毫米的翅，但发展不均匀；油管明显，每棱槽 3，合生面 6；胚乳腹面内凹成沟槽。

【分布及用途】汶川、理县、茂县、松潘、金川、小金、马尔康、若尔盖、红原、康定、泸定、丹巴、道孚、炉霍、甘孜、德格等市县海拔 2 000～4 000 米的林缘、灌丛有分布。根可入药。

【最佳观赏时间】6～8 月。

【推荐观赏指数】★★

川滇柴胡
***Bupleurum candollei* Wall. ex DC.**

伞形科 Umbelliferae
柴胡属 *Bupleurum*

藏文名：ཟེར་མེར་པོ།　藏文音译名：丝热赛包

别名：窄叶飘带草、麦冬叶柴胡、麦门冬叶柴胡、飘带草

【形态特征】多年生草本，高达 1 米。茎基坚硬，分枝粗壮疏散。叶薄纸质，下面灰白绿色；茎下部叶线状披针形或长椭圆形，长 12～15 厘米，宽 5～8 毫米，先端圆钝，有小突尖头；中部叶长圆形，基部渐窄成短柄；上部叶窄倒卵形，长 1.5～4 厘米，宽 0.8～1 厘米，先端圆钝，基部楔形，近无柄。复伞形花序顶生和腋生，伞辐 4～8，长 1～3 厘米；总苞片 3～5，卵形或近圆形，长 0.3～2 厘米；小总苞片 5，绿色，宽椭圆形或近圆形，长 5～7 毫米；伞形花序有花 10～15。花瓣淡黄色，上部内折成扁圆形。果棕褐色，圆柱形，长 2.5 毫米，宽 1.8 毫米左右，棱近狭翼状。

【分布及用途】汶川、松潘、小金、黑水、马尔康、泸定、九龙等市县海拔 1 900～2 900 米的山坡草地及疏林中有分布。全草可入药。

【最佳观赏时间】7～8 月。

【推荐观赏指数】★★

伞形科 Umbelliferae
独活属 Heracleum

裂叶独活
Heracleum millefolium Diels

藏文名:ཞི་བྱ། 藏文音译名:志甲 别名:藏当归、千叶独活、牛尾独活、多裂独活、绵毛独活、千叶独活、碎叶独活、花土当归

【形态特征】多年生草本,高 0.1～0.3 米。茎直立,分枝。叶片轮廓为披针形,3～4 回羽状分裂,末回裂片线形或披针形,先端尖;茎生叶逐渐短缩。复伞形花序顶生和侧生,花序梗长 20～25 厘米;总苞片 4～5,披针形,长 5～7 毫米;伞辐 7～8,不等长;小总苞片线形,有毛;花白色;萼齿细小。果实椭圆形,背部极扁,长 5～6 毫米,宽约 4 毫米,有柔毛,背棱较细;每棱槽内有油管 1,合生面油管 2,其长度为分生果长度的一半或略超过。

【分布及用途】松潘、马尔康、阿坝、若尔盖、红原、康定、丹巴、道孚、甘孜、德格、石渠、色达、理塘、乡城、稻城等市县海拔 3 800～5 000 米的山坡草地、山顶草甸有分布。全草可入药。

【最佳观赏时间】6～8 月。

【推荐观赏指数】★★★

附　录

>>> 室内标本制作

>>> 野外调查与采集

>>> 藏羌乡村风光

>>> 稻城亚丁风光

>>> 牛背山风光

>>> 草原风光

附录

395

>>> 海子与湿地

>>> 森林景观

参考文献

【1】 中国科学院《中国植物志》编辑委员会. 中国植物志[M].北京：科学出版社，1963—2004.

【2】 《中国高等植物彩色图鉴》编委会. 中国高等植物彩色图鉴[M]. 北京：科学出版社，2016.

【3】 贾敏如，张艺.中国民族药辞典[M]. 北京：中国医药科技出版社，2016.

【4】 嘎务.藏药晶镜本草[M]. 北京：民族出版社，2018.

【5】 周青平，干友民.川西北草地主要野生植物图谱（第一册）[M]. 北京：科学出版社，2016.

【6】 《阿坝州林业志》编纂委员会.阿坝州林业志（1911—2005）[M]. 北京：中国文史出版社，2012.

【7】 《甘孜藏族自治州林业志》编写组. 甘孜藏族自治州林业志（1991—2005）[M]. 成都：四川科学技术出版社，2010.

【8】 贺家仁，刘志斌. 甘孜州高等植物[M]. 成都：四川科学技术出版社，2008.

【9】 《阿坝藏族羌族自治州概况》编写组. 阿坝藏族羌族自治州概况[M]. 北京：民族出版社，2009.

【10】 《甘孜藏族自治州概况》编写组. 甘孜藏族自治州概况[M]. 北京：民族出版社，2009.

【11】 郎楷永，冯志舟，李渤生. 中国高山花卉[M]. 北京：中国世界语出版社，1997.

【12】 四川植被协作组. 四川植被[M]. 成都：四川人民出版社，1980.

【13】 史雪威，张路，张晶晶，等. 西南地区生物多样性保护优先格局评估[J]. 生态学杂志, 2018, 37(12): 3721—3728.

【14】 于倩楠，彭勇，刘政，等.川西山地生态旅游景观资源及灌丛景观资源调查研究[J].四川环境, 2018, 37 (5):60—69.

【15】 覃海宁，杨永，董仕勇，等.中国高等植物受威胁物种名录[J]. 生物多样性, 2017，25(7): 696—744.

【16】 张昊楠，秦卫华，周大庆，等. 中国自然保护区生态旅游活动现状[J]. 生态与农村环境学报, 2016, 32(1):24—29.

【17】 徐晓光. 我国西南山地民族传统生态观研究[J]. 中央民族大学学报(自然科学版), 2015, 24(4):72—78.

【18】 杜通平，黄萍，赖斌，等. 发展四川生态旅游的思路[J]. 软科学, 2005, (4) : 67—69, 73.

【19】 桑丹. 川西地区典型花海景观研究[D]. 浙江农林大学,2017.

【20】 杨亮亮. 国家重点保护动物及国家级自然保护区地理分布特征分析[D]. 北京林业大学, 2010.

【21】 何飞. 川西植物区系地理研究与优先保护区域分析[D].北京林业大学, 2009.

【22】 张雁鸿. 四川省生态旅游发展问题研究[D]. 西南财经大学, 2008.